情绪化的孩子

［德］诺拉·伊姆劳 ◎著

燕环 王丹妮 ◎译

四川科学技术出版社

图书在版编目（CIP）数据

情绪化的孩子 / （德）诺拉·伊姆劳著 ；燕环，王
丹妮译. -- 成都：四川科学技术出版社，2019.11（2020.8重印）
ISBN 978-7-5364-9653-8

Ⅰ．①情… Ⅱ．①诺… ②燕… ③王… Ⅲ．①情绪－
自我控制－家庭教育 Ⅳ．①B842.6②G78

中国版本图书馆CIP数据核字(2019)第256701号

四川省版权局著作权合同登记章　图进字21-2019-553号

Original title: SO VIEL FREUDE, SO VIEL WUT: Gefühlsstarke Kinder verstehen und

begleiten by Nora Imlau

© 2018 by Kösel Verlag,

a division of Verlagsgruppe Random House GmbH, München

• •

情 绪 化 的 孩 子
QINGXUHUA DE HAIZI

出 品 人：程佳月　　　　　　责 任 编 辑：刘依依　　谢 伟
著　　者：[德]诺拉·伊姆劳　责 任 出 版：欧晓春
译　　者：燕 环　　王丹妮　封 面 设 计：仙境设计
出 版 发 行：四川科学技术出版社
　　　　　　地址：成都市槐树街2号　邮政编码：610031
　　　　　　官方微博：http://weibo.com/sckjcbs
　　　　　　官方微信公众号：sckjcbs
　　　　　　传真：028-87734035
成 品 尺 寸：140mm×210mm
印　　张：9.5
字　　数：190千
印　　刷：天津旭非印刷有限公司
版次/印次：2020年3月第1版　2020年8月第2次印刷
定　　价：48.00元

ISBN 978-7-5364-9653-8
版权所有　翻印必究
本社发行部邮购组地址：四川省成都市槐树街2号
电话：028-87734035　邮政编码：610031

推荐序

陪伴情绪化儿童成长的教育智慧

孙进

北京师范大学国际与比较教育研究院
教授 | 博士生导师

如果您的孩子经常发脾气，被强烈的情绪（如愤怒）所控制且不易接受安慰，对气味、声音或感觉异常敏感，不愿意改变自己的选择和偏好，不喜欢生活节奏的改变，不容易适应新的环境，有多动的冲动，精力旺盛，执着而倔强，做事情时不喜欢被打断，温柔脆弱，同时又狂野和不守规矩，那么，您面对的便可能是一个"情绪化儿童"。

研究显示，每 7~10 个孩子中就有 1 个是情绪化儿童。这说明，有不少孩子都是情绪化儿童。养育情绪化儿童对父母和整个家庭来说都是一个严峻的挑战，不仅让父母常常感到精疲力竭、疲惫不堪，而且还经常因为孩子在公众场所大哭大闹、不依管教而"颜面尽失"，遭受旁观者的白眼。

本书作者诺拉·伊姆劳显然十分清楚情绪化儿童的父母所面对的这些挑战。不仅因为她是育儿问题专家，德语地区著名的《父母》杂志的撰稿人，以及多部育儿类畅销书籍的作者，更因为她自己的三个孩子中就有一个是情绪化儿童。因此，她对于如何养育情绪化儿童既有理论认识也有切身经验。也正因为如此，她才能考虑到养育情绪化儿童方方面面的细节问题，并提出了许多切中要害的建议和策略。这本书是德国第一本关于这一主题的书籍，目前已经出版到了第三版，说明它在德国已经得到了读者的认可。

为了帮助父母应对养育情绪化儿童的挑战，作者在本书中分七章系统地呈现了理解和陪伴情绪化儿童的教育智慧和策略：

在第一章，作者列举了情绪化儿童的八个典型特点，以便于父母们判断自己的孩子是否是情绪化儿童。

在第二章，作者从生理学和脑科学的角度解释了情绪化儿童为什么如此特别，回答了情绪化是生而如此还是后天形成的重要问题。

在第三章，作者聚焦于情绪化儿童的父母，将其分成三种不同的类型，即调节能力好的父母、情绪化的父母以及介于二者之间的情感丰富型父母，并针对每种类型的父母提供了应该如何应对情绪化儿童的策略。

在第四章，作者想要教会父母如何帮助情绪化儿童识别和表达自己复杂而强烈的情绪，了解有哪些因素可能导致孩子产生焦虑，如何通过预先的准备降低其基础焦虑水平，以及如何逐步帮助孩子掌握自我调节情绪的能力。

在第五章，作者列举了养育情绪化儿童在日常生活中面临的一些典型的挑战，涉及吃饭、穿衣、社会交往、使用多媒体等方面，并有针对性地分别提出了应对之策。

在第六章，作者针对父母选择托儿所、幼儿园和小学列出了一个需要注意的事项清单，目的是帮助父母找到一个能够理解和包容孩子特殊性的教育环境，帮助情绪化孩子顺利完成从家庭到家庭之外的教育机构的过渡。

在第七章，作者将关注点扩展到情绪化儿童的家庭，提醒父母在照顾和关心情绪化儿童的同时，不应忽略和冷落家里的其他孩子，同时也不能影响夫妻二人之间的感情。作者强调，稳定的夫妻关系是美好的家庭生活的基础，没有什么比夫妻之间的相亲相爱能给孩子更多的安全感。同时，作者也在这里谈到了单亲家庭如何照顾情绪化儿童的问题。

阅读本书有助于父母更好地认识和理解情绪化儿童，这对于父母和情绪化孩子来说都具有解放的作用，能让他们停止自责和焦虑。

首先，当孩子大声哭闹、咆哮或者有其他情绪化的表现时，不仅他自己会被人贴上"问题儿童"的标签，其父母也常遭受质疑。因为人们普遍认为，孩子表现不好，是因为父母没有把他们教育好。如果教育得当，孩子就能学会遵守规矩。不少父母也认为自己要对孩子的所作所为负全部责任，因此常常为孩子不当的行为而感到惭愧和自责。本书的作者却表示，父母不应该自责，因为这并不是父母的错！情绪化不是父母后天教育不当的结果，而是天生的、与生俱来的人格特质："就像头发和眼睛的颜色一样。这是基因的相互作用导致的。"

其次，情绪化儿童的那些"过激反应"也不是他们自己能够控制的，因此，他们也不应为此受到指责。从脑神经科学的角度来看，情绪化儿童的这种"过激反应"是因为他们大脑的神经元与其他儿童有别。他们有着特别敏感的大脑杏仁核（Amygdala），即使是在相对较低的压力水平下，杏仁核也会将信号发送到脑干进行转换，让他们对一件别人看来的"小事"做出灾难般的反应。

认识到这一点对于父母如何对待情绪化的孩子具有重要的意义。当孩子陷入痛苦、恐惧、愤怒或绝望的情绪中时，当他们对父母怒吼甚至谩骂时，父母不应该批评和指责孩子，更不应该被激怒，而是应该认识到，孩子自己对此是无能为力的。他们并不是故意让父母生气或难堪，他们只是受到自己强烈情绪的驱使而不能自已。认识到这一点，父母便不会被孩子的过激表现所激怒，而是能够理解和同情孩子，不是去以暴制暴，而是学会安静地待在孩子身边，给他们安慰和支持，等待他们情绪的风暴慢慢平息下来。这也就是作者所提倡的，情绪化儿童"需要陪伴而非指责，需要理解而非责备，需要爱而非拒绝"。

最后，阅读本书有助于消除父母有关情绪化儿童未来的焦虑。看着自己的孩子这么"出格"，许多父母都难免会担心情绪化孩子的未来。本书作者却乐观地指出，情绪化孩子有着巨大的发展潜力，如果能够帮助孩子学会调节自己的强烈情感，他们会因为这种特殊的天分获得幸福和充满意义的人生。例如，丰富的想象力和创造力能够把他们变成天才艺术家；好奇心和毅力有助于他们成为优秀的科研人员；重视细节则有利于他们成为优秀匠师。只要情绪化儿童在最初几年不对自己失去信心，他们内心的强大力量便能让他们变成任何他们想要变成的样子。别忘了，安徒生、爱迪生、爱因斯坦、乔布斯等人都曾是情绪化儿童。

当然，说情绪化儿童和父母不是情绪化反应的"造成者"，并不是要免除他们的责任，让其放任自流。特别是对于父母而言，作为对情绪化儿童最重要的人应该掌握养育情绪化儿童的知识，帮助情绪化儿童慢慢提高自己的自我调节能力。

另外，对于"情绪化儿童"这个标签，我们也应该谨慎地使用，不能滥用这个标签，轻率地给孩子扣帽子。

这本书虽说是写给情绪化儿童及其父母和老师的，但是，书中的建议对于教育普通的孩子无疑也是有帮助的，因为普通的孩子也会有受到强烈情绪驱使的时刻。因此，我把这本书推荐给所有关心孩子教育和成长的人，希望它能帮助您更好地理解和陪伴孩子成长！

译者序
情绪化儿童的秘密

燕环

北京师范大学比较教育学博士生

  这本书的出版为我博士第一年的生活画上了句号，感谢我的导师孙进教授和编辑陈锦华女士对我翻译这本书给予的大力支持。

  遇到这本书之前，"情绪化儿童"于我而言是一个崭新的概念。我清楚地记得第一次和编辑讨论是该把它翻译成"情绪化儿童"还是"性情儿"的时候，我还特意去检索了相关的研究文献，最终我们才确定了"情绪化儿童"这个译法。在翻译这本书的过程中，我惊讶地发现，作者笔下的那些孩子如此熟悉，心中不觉涌起一阵亲切感，原来我也曾是一个情绪化儿童，我小时候言行也符合过情绪化儿童的种种表现。对，确切地说就是"情绪化"，只是我的父母不知道，而我更不知道。

  如今，我明白了，情绪化儿童并不是这个世界上的罕见群体，每7~10个孩子里面就可能有1个情绪化儿童。他们一般被分成三种类型。第一种是激情型，对于这类宝宝，一眼便可以辨识出来，他们一直精力充沛，热情洋溢，对什么都充满了好奇。他们总是班级里或游乐场中最吵闹的那个，惹起事来往往能令你血压飙升，却又束手无策。

第二种是安静型，你可能无法一眼辨识，因为他们更喜欢一个人安安静静地待在一个角落，沉浸在自己的世界中，看起来不会惹任何麻烦，但他们的内心十分敏感，你一句无意的批评或是一个责备的眼神就可以在他们幼小的心灵中留下阴影，他们有时需要更悉心和细腻的呵护。

第三种则属于中间型，他们闹腾起来活力四射，无法无天，时常让你纳闷怎么偏偏倒霉遇上了这样不服管束的小祖宗，但是有时候他们又是那样的心思细密、温柔可人，让你觉得他们是上天赐给你最好的礼物。

翻译的过程，也是深阅读的过程。读诺拉的这本书，我一点一点地揭开情绪化儿童的秘密。原来，我自己属于最后那一种，有时安静腼腆，不愿主动与人说话交流，但有时又大大咧咧、非常闹腾。一路走来，我时常为这种矛盾的性格而苦恼和不解，而今豁然开朗。

我想，通过这本书，情绪化儿童会被众人慢慢熟知和理解。与情绪化儿童一起成长，意味着更多的麻烦，你往往需要付出比其他父母多出几倍的时间与精力，但是换个角度来看，你也会多收获几倍的乐趣。

那就让我们随诺拉一起走近情绪化儿童吧！

目录

1 引言

5 第一章
对 "情绪化" 儿童再多点认识和了解吧

6 不知怎么就是与众不同

8 这真的正常吗

9 言语创造现实

12 还有一个标签

14 看到孩子的优点

16 我的孩子是情绪化儿童吗

18 情绪化儿童的八个特点

23 你们并不孤单

25 情绪化儿童的基本需求

28 是情绪化还是其他的

30 情绪化，超敏感，高需求

31 将情绪化作为借口

第二章

33 **与生俱来还是后天养成：**
为什么我们的孩子如此特别

34 我们做错了什么

36 一个与生俱来的特质

38 你们没有过错

40 难道怀孕压力太大导致孩子情绪化

43 当大脑的运转方式不同时

46 触摸和亲近的力量

48 情绪化儿童不是新现象

51 到处都有情绪化儿童

54 情绪化儿童会越来越多吗

57 告别幻想中的孩子

60 从一开始一切就有所不同

65 情绪化宝宝的挑战

66 别人家的宝宝

68 走出家门

69 如果我早知道该多好

第三章

73 我的孩子与我：情绪化儿童的真实家长

74 小心问题解决得太快

78 我是谁，你又是谁

81 对每个年龄段的孩子我们可以期待什么

84 用性格测量表确定共性和个性

87 当调节能力强的家长遇到情绪化儿童

90 当情感丰富的家长遇到情绪化儿童

92 当情绪化家长遇到情绪化儿童

93 平静下来：父母可以提供什么帮助

94 被旧情绪所控制

96 与孩子一同感受，而非一起爆发

98 外向型还是内向型

105 去改变，而非伤害

107 情绪化儿童的自然权威

110 看清现实

111 真实性的秘密

114 够好就行了

117

第四章
学会处理强烈的情绪

118 每种感觉都有自己的名字
120 关于"映照"的那些事
122 自我调节而非自我压制
125 小心：焦虑
127 永远敞开的紧急出口
129 过度紧张的可怜孩子
131 让情绪化儿童感到焦虑的因素
134 学会正确应对焦虑
136 长期缓解焦虑的策略
137 创建一个休息室
141 强化内心的抗阻力
145 情绪也仅仅只是情绪而已
147 寻找内在的自我
150 孩子也可以悲伤
152 自由是生存之灵药
154 我很自由——情绪化儿童如何感受到自己的责任
156 到外面去

第五章

159 **一切都是颠倒的：**
日常生活中的典型挑战

160 你真的永远都不会累吗？让孩子安然入睡的好方法

170 为什么吃饭像打仗一样？缓和喂养闹剧

178 快点穿上你的衣服！衣服对健康的重要性

180 告别、分离、重新开始：缓解过渡困难

184 这样可交不到朋友！陪伴情绪化儿童应付社交挑战

190 关于媒体

197 好好听我说！和情绪化儿童谈话的技巧

200 情绪化儿童打人怎么办？如何杜绝暴力

205 第六章
托儿所、幼儿园和学校里的情绪化儿童

206 家庭之外对情绪化儿童的照料
209 适用于所有保育场所的成功法则
215 清单：将孩子托付给合适的人照看
221 帮助情绪化儿童适应保育生活
227 幼儿园里的情绪化儿童
228 我们的孩子是问题儿童吗
231 如何减轻情绪化儿童的幼儿园烦恼
232 当心"抽屉思维"
233 帮助保育机构为照顾情绪化儿童做好准备
235 情绪化小学生
237 当出现问题时
240 "这可与年龄不符呀！"

243 第七章
一种近乎正常的家庭生活

244 "这个世界上不只你一个人"

245 公平不等于平等

247 现在我只陪你

249 给所有人的避难所

250 "小家伙总是把一切弄得天翻地覆"

252 我们能得到多少谅解

253 混乱升级：照顾情绪化兄弟姐妹

254 我们需要一个部落

257 爱的联系

262 恰恰在婆婆这里

263 家族中的情绪化血统

265 情绪化儿童成为夫妻关系危机来源

268 如何应对不同的教育理念带来的冲突

271 安全的港湾

272 独自抚养情绪化儿童

275 我们还敢再要一个孩子吗

278 你将来会变成什么样子

281 后记

引言

　　人生中总有难忘的瞬间。对我来说，这个瞬间是当我第一次听说"情绪化儿童"这个词的时候。他们的特征是：一种极端强烈的意愿，突如其来的情绪爆发，敏感又无理取闹。当时我就想："这不就是在说我的孩子吗？"我十分惊讶，竟有一个专有名词来形容这种现象。

　　在这之前，我也经常和许多有情绪化儿童的爸爸妈妈一样，以为只有自己才有这样的问题，而其他父母只会惊讶地皱眉头："你的孩子总是拒绝早晨自己穿裤子？我家的孩子可不这样。"

　　自从我知道自己有一个"情绪化"孩子以后，身为人母，我并不孤独。因为现在我知道了，这个世界上有数十万个情绪化儿童，而且他们都有父母，他们的父母跟我和我的丈夫一样经常遇到这种挑战：在充满爱心的家庭团聚日里与热情、可爱又独一无二的孩子在一起，他们的暴脾气有时简直会把我们逼疯。

　　自从第一次听说"情绪化儿童"这个词以后，我做了很多事情。通过查阅文献，我得知现代性格研究对情绪化儿童的认知程度，并与致力于研究此问题的学者进一步讨论是什么原因导致了情绪化儿童的出现。我阅读了相关论文，翻阅了专业书籍，还学习了脑部扫描。我也特别注重与其他情绪化儿童的父母交流，并询问他们如何与情绪化儿童相处，怎么能让孩子平静下来，以及能为孩子提供什么帮助。比如，当情绪化儿童发脾气的时候，他们疏导和安抚孩子的秘诀是什么？他们是如何设法向亲朋好友解释为什么他们的孩子如此与众不同的？在这个漫长而激动人心的学习研究过程中，我获得的教养知识改变并深深影响着我的家庭生活。我对情绪化儿童的身体和大脑了解得越多，就越能通过感知他们的内心风暴而更体贴，更有爱心地陪伴和理解他们；我对养育情绪化儿童的技巧了解得越多，就越有可能在困难的情况下也保持镇静。我的孩子不知所措，他现在正需要冷静自信的成年人——在他对面，并知道如何轻柔地抑制他过度兴奋的神经系统。

对我来说，这就是我继续传递自己在过去这些年对情绪化儿童及其家庭的理解的重要原因。也正因如此，我有了动力，想去真正理解情绪化儿童这种特殊脾性背后究竟隐藏了什么。体会他们错综复杂的内心世界是迈向充满理解与信任的家庭生活的第一步，这也是我们向情绪化孩子展示如何健康地表达和处理暴力情绪的基础，而不是要求他们屈服于暴力情绪。

本书还补充了一些著名人物的简短介绍——他们也曾是情绪化儿童。之所以这样做，是因为我在了解情绪化儿童的一些特殊脾性后，意外地也在不同的名人传记中找到线索——他们强烈的情感和特殊的性格在童年时就已经引人注目。我特意建立了一个文件夹，里面存满了这样的采访、传记概要和剪报，这既是为了安慰自己，也是为了时常提醒自己——很多伟大的天才在突破自己的怪脾气之前也曾经是"难养"的孩子。我希望借助这些例子帮助其他家长，提醒他们在日常生活的挑战中不忘看到情绪化儿童身上特殊的潜质。

亲爱的读者朋友，希望您能在阅读这本书的时候收获快乐。希望它能为您消除疑惑、解答难题，并给您继续帮助自己的孩子面对日常生活中"情绪风暴"的勇气。也许阅读这本书时您是第一次听说情绪化儿童，但这对您来说也会是一个难忘的瞬间，这会成为一个真正的转折点，从此您的家庭生活将更幸福，您和情绪化儿童将更和睦地生活在一起！我衷心地祝福您！

诺拉·伊姆劳

2017 年冬写于德国莱比锡

第一章

对"情绪化"儿童再多点
认识和了解吧

不知怎么就是与众不同

总有一些孩子，不知怎么就是与众不同：他们更加热情、更有好胜心、有更多生活乐趣，但是也更多疑、更有攻击性和充满悲伤情绪。不管是涉及哪种情绪，他们似乎都更极端——最高昂的喜悦，最深沉的悲伤，最强烈的愤怒。在这些情绪之中他们倒不会发生什么事，但他们几乎从不会满足，每天都像是经历了高度情绪化的过山车，上下颠簸，起伏强烈。

这样一个精力过剩的孩子也会带来一些非常美妙的时刻：当三岁的小家伙欢快地"砰"一下从床上跳起来，有巨大的能量瞎鼓捣、干活、玩耍和爬上爬下时；当七岁的孩子用充满爱的话语赞美"你是世界上最好的妈妈，有你我真幸福"时。

但是这些孩子也有与众不同的时刻，这样的时刻还非常多。比如吃早饭之前就在哭鼻子，因为他最爱的牛仔裤被洗了，他的皮肤忍受不了其他裤子。比如面包房老板娘一句挑逗性的"早上好，小家伙"就会引发他长达一个半小时的盛怒，因为"小家伙"早就不是小家伙，而是一个小学生了，这是任何人都可以看得出来的呀！又比如玻璃杯碎了，盘子也破了，就因为这个八岁的孩子在吃晚饭时没有老老实实坐在桌子旁，而是手脚动个不停。

"哦，有时所有孩子都会这样。"父母在谈论情绪激动的孩子时，经常会这样说。但是，所有孩子都会经历的情绪高低起落与这本书所关注的孩子混乱情绪之间的不同就在于"有时"这个词。

当然，几乎每个孩子坐在桌旁都会手脚动个不停，或者在超市里发火。当然，每个家庭都有流眼泪、激烈争吵和盛怒的时候。但事后一切都会重新协调，回归风平浪静的。

争吵、盛怒过后的风平浪静，都不会在本书所谈论的家庭中发生。恰恰相反，如果你的孩子从一个情绪中得到很多支持和理解，那么他会像一个小橡皮球一样立即跳入下一个强烈情绪中。例如他热衷于行动，"妈妈，现在我必须得造一艘木筏，现在就做！"如果他没能这么做，比如没有木材（一个简单的事实），那么在接下来的一个半小时里就有大麻烦了。

如此多的眼泪，如此多的绝望，如此多的愤怒，这还正常吗？许多家长对此表示怀疑：当四岁的孩子一次又一次地用头对着地板猛撞时；当五岁的孩子几乎要从阳台上跳下来，充满对冒险和放纵的纯粹渴望时；当学龄前儿童在幼儿园激动地抱住他的朋友以至于朋友在震惊中摔倒时，那么"小旋风"就会受到影响、感到不安，导致他好几周都再也不想上幼儿园了。

其他孩子都不这样？！

不，这个世界上有数十万个这样的孩子，他们比其他人更强烈地感知这个世界，每天被极端强烈的情绪占领。他们遍布整个世界，在贫困的、富裕的、大的、小的家庭都存在，不分是否是发达国家和是否有传统文化的差别。他们的行为方式经常不同于同龄人，但不是因为他们异常，而是因为儿童的正常发育比我们想象的更加多样化。

这真的正常吗

"有所不同是正常的。"理查德·冯·魏茨泽克[1]的这句名言也可以看作是人类物种起源的座右铭。从进化的角度看，多样性是我们的优势，是我们生存的保证。完全不同的性格在哪里相遇，哪里就可能会有冲突，但那里也有最大的进步，因为性格优缺点中的特质互补。

因此，我们来到这个世界，都有着自我的个性，有些人更害羞，有些人更好奇，有些人更坚强，有些人更敏感。但本书中涉及的这些孩子性格反差都特别大：一方面他们非常脆弱，但另一方面他们也非常活泼。也就是说，他们很容易就被他人的愤怒或悲伤深深地伤害了，但似乎无论遭受什么样的损失都不会让他们放弃，因为他们不断被自己的感情所征服。

如果我们将人类出生时的不同性格特征想象成一个有刻度的频谱，大多数人会把自己和孩子归于中间或者靠近中间的位置。而情绪化的孩子非常敏感，极度冲动、极度好奇，会对刺激迅速做出反应。同时，他们又极度需要亲密关系，极度渴望自由，极度勇敢又极度胆小，极度容易受到鼓舞又极容易有挫败感。

---

① 魏茨泽克曾于 1984-1994 年担任德国总统。——译者注

言语创造现实

我们经常这样描述情感强烈和脾气大的孩子：

- 难对付
- 野蛮
- 狂热
- 强求
- 费力
- 倔强
- 反叛
- 焦躁

- 死板
- 顽固
- 执拗
- 易怒
- 过于敏感
- 多动
- 爱哭
- 不放松

我们把他们称为：

- 梦想家
- 含羞草
- 怪物
- 暴君
- 独裁者
- 坐不住的人
- 破坏者

- 麻烦制造者
- 恐怖制造者
- 爱哭鬼
- 爱发火的人
- 惹人厌的家伙
- 爱抱怨的人
- 小题大做者

我们抱怨他们：

- 缺乏冲动控制能力
- 较低的自我管控能力
- 肆无忌惮
- 过分热情
- 超级多愁善感
- 顽固
- 声音大
- 紧张
- 具有侵略性
- 过度激动

我们使用大量的词汇和概念，为了突出特定气质中有问题的方面。没有一个概念能够表现这种不同寻常人格中令人难以置信的潜力。因为情绪化儿童通常也：

- 有创造力
- 热情
- 聪明伶俐
- 持之以恒
- 自信
- 勇敢
- 有志气
- 能说会道
- 真诚
- 善于表达强烈意见
- 狂热
- 强大

他们经常是：

- 立志改革世界者
- 争吵调解者
- 研究者
- 发现者
- 发明者
- 忠实的粉丝
- 艺术家
- 运动员
- 公平正义的捍卫者
- 辩论天才
- 有领导气质的人
- 富有想象力的人
- 革命者

很明显，他们常常拥有很多：

- 能量
- 专注力
- 向着目标努力的坚毅
- 思考
- 修辞技巧
- 传统意识

- 同情心
- 对完美的追求
- 表达欲
- 求知欲
- 坚定信念

对于那些被认为是不守规矩和让人疲惫的孩子来说，正是这些特质塑造了他们的自我形象和行为。另一方面，如果我们能看到他们的激情、精力、创造力和智慧等特性，不仅会影响我们的孩子，也会影响我们与他们的关系。

所以，对我们来说重要的是，不要把这些男孩女孩描述成难养、要求很高的和从不满足的"问题孩子"，而是为他们找到一个能够表达他们丰富特殊的气质的新名称：情绪化儿童。

还有一个标签

每个孩子都有自己的标签。很多家长有这个烦恼：偏差于儿童正常发展标准的孩子，总会有一个听起来过于夸张的标签，这些标签让家长非常烦躁。玛丽丝不是一般的敏感，而是高度敏感。简不仅非常愚钝笨，而且还有感知障碍。莫里茨不是一个小恶霸，而是一个不能控制自己冲动情绪的孩子。

"能不能不这么夸张？"父母们在面对"怪物"这样的词时会问自己，这虽然听起来像医学诊断，但通常只是描述正常的性格特征。现在，情绪化作为一种时尚诊断，我们可以借助它把孩子们分类吗？不，恰恰相反：我把"情绪化儿童"理解为另一种概念，我认为情绪化不是一种异常现象，也不是一个需要治疗的问题，虽然有挑战性，但却是非常正常的人格发展类型。而我们的社会却经常把"情绪化儿童"当成特别敏感和冲动的儿童。

所以，我认为"情绪化儿童"这个词并不是一种诊断，而是实现了两个重要功能：一方面，家庭中有一个概念可以用来描述对孩子的欣赏，以看到他们的优点和潜力；另一方面，一个统一的概念使情绪化儿童的父母能够找到彼此并建立联系，并且将情绪化儿童作为相互交流和支持的起点。在说英语的国家和地区，这种认知已经非常先进：自从1992年美国教育家玛丽·谢迪·柯辛卡（Mary Sheedy Kurcinka）在她的《家有性情儿》（*Raising Your Spirited Child*）一书中首次使用"性情儿童"这个词以来，这个称呼就在英语国家中迅速流行开来，因为此前人们一直很难找到一个准确的词语描述这种儿童，他们在各个方面都比别人拥有"更多"——更多的情感，更多的能量，更具冲动性，更加敏感。根据柯辛卡的说法，每 7~10 个孩子中就有 1 个性情儿童。

　　如今，在北美的每个大城市都有情绪化儿童家长群，情绪化儿童的父母见面交流会，在脸书上也有"家有性情儿"群，超过 10 000 名父母互相鼓劲支持。我的愿望是在德语国家建立一个类似的相互支持的网络。

看到孩子的优点

如果我们用一个充满爱的术语，如"情绪化"，重新考虑这些特别的孩子时，我们是在使用心理治疗中的一种流行方法：所谓的"重新建构"。其基本思想是象征性地从传统的框架中，采取一种在我们思维中固定的视角或经验，并尝试从另一个角度来看待它。这就好像美术馆中的一幅绘画，我们故意给它一个新的不同的框架，这使我们能够从一个全新的视角感知这幅画。乍一看这似乎是一种廉价的心理技巧——尽管有了新的框架，但绘画仍然保持不变——事实上它是一种强大的工具，即使是受过严重创伤的人也可以（再次）获得对自己经历和感受的解释权。但是，对我们父母来说，对孩子的一种有意识的、截然不同的观点会达到难以预知的效果：当我们不再认为孩子要求苛刻、让人筋疲力尽并充满问题，而开始认为他们敏感、富有表现力并且很特别时，我们的整个家庭结构也会因此改变。充满爱意的神情和尊重的语言不仅会影响我们与孩子的互动方式，还会影响孩子的自我形象和对他人的看法。因为积极的观点和词汇——我们所感受到的，所听到的和所看到的，具有感染力。

通过这本书，我想邀请父母以全新的眼光看待自己的孩子，而不是掩盖自己真实的感受。是的，与一个情绪化儿童一起生活令人筋疲力尽；是的，陪伴他们持续的情感高点和低点有时会使我们陷入自己的情感深渊。但所有这一切并没有改变一个事实——我们的情绪化儿童非常棒。

当我又一次向我的治疗师哭诉马克思是一个多么难养的小孩时，她建议我找一个积极的词汇来表达他的每一种难缠的性格——也就是看到另一面。他不是坐不住，而是有运动天赋；他不是不听话，而是自信。在接下来的几周里，通过选择不同的词，我看到了一个重大的改变，这对我来说是一个惊喜。如果马克思的行为惹我生气，我就一直在有意识地寻找一个赞赏他的词来表述他做的事，比如用"照顾好自己"来替代"毫无顾忌"，这样我已经能够更友好、更宽容地对待他了。这甚至适用于其他情况！当他幼儿园的老师向我报告他在幼儿园有多疯的时候，我回答说："他真的是一个可爱的小旋风，不是吗？"然后，她笑着说："对，就是他，是的。这其实也挺好。"

卡瑞娜 / 5岁斯维和3岁马克思的妈妈

我的孩子是情绪化儿童吗

为了确定孩子是否有天赋，有标准化的智力测验，对于想知道这些的父母，可以在网上找到问卷测试。要判断一个孩子是不是情绪化儿童，则不需要这样的测试。因为情绪强度不能依靠"诊断"，而只能靠父母识别，那么即使客观地以1~10来衡量一个孩子的情绪达到了什么程度，也是无法检测的。幸运的是，没有针对情绪化儿童的标准化测试程序，也没有任何医疗或心理机构可以认定或否认我们的孩子是不是情绪化儿童。在识别情绪化儿童的时候，最重要的一点是：家庭的主观感受。毕竟，家长最了解自己的孩子。

我每次想到我的大女儿时，脑海里就出现一个清晰的画面：一个聪明、温顺又灵巧的小女孩，玩乐高一玩就是几个小时。喜欢上学，有时生气，有时也伤心，但大多数时候都透露着一种欢乐，让我们的生活非常轻松。当我一想到她的小妹妹，就好像旋转木马在我脑中转起：如此多的情感，如此多的品质，如此多的极端，都集中在这个小人儿身上。她有时吵闹，有时又那么安静；她有时很搞笑，有时又那么严肃。她可以令人难以置信地疯闹，让我感受到她的精力充沛。晚上当她爬到床上抱着我的时候，我又仿佛感到这个世界的所有亲密关系都比不上这一刻。当她必须要去上幼儿园，晚上必须要睡觉的时候，她又和我们苦苦对抗。在她的感受中，不知道是出于纯粹的悲伤还是愤怒，她经常完全不知所措。

她像野生动物一样乱咬、乱叫和乱吐，她的愤怒没有边际。她到处捣乱，甚至让我怀疑我是不是没有做母亲的能力，但她又热烈地需要我、爱我。我都没有认识到，我给予她的爱和关注似乎永远都不够，不能让她安静并真正放松下来。而且，我经常感觉世界上没有其他人像我一样拥有如此难养、让人非常疲惫但又非常棒的孩子。

卡罗拉 / 8岁薇尔玛和6岁艾玛的妈妈

如果你在阅读这位情绪化小女孩妈妈的报告，多次发现自己点头并认为"这就是我的感受"，而且甚至可能会流泪的时候，你会发现自己并不孤单，你很可能是情绪化儿童的父母。

情绪化儿童的八个特点

美国教育家玛丽·谢迪·柯辛卡在她的《家有性情儿》一书中提到 8 种影响情绪化儿童的性格气质。虽然并非每个情绪化儿童都表现出这些特征，但这些特征会对我们认识情绪化儿童有所启发。

1. 我的孩子情感非常强烈

刚刚出生的情绪化儿童通常表现得不像其他新生儿，他们不会呱呱啼哭而是尖叫，他们饿的时候不会小声地咂嘴，而是立刻开始大声哭闹。一旦失去了与爸爸妈妈的身体接触，他们就会惊慌失措并开始哭泣。这就是他们经常讨厌婴儿车和婴儿床，却喜欢婴儿背带的原因。随着年龄的增长，强烈情绪的起伏仍一直跟随他们：每一杯打翻的苏打水都是一场好戏，戴顶不合适的帽子可能会毁了一整个下午。对这些孩子来说，不存在所谓的琐碎小事。每件事都非常重要，每一个情绪反应都非常深刻。大多数情绪化儿童不经过滤直接把这些强烈的情绪向外爆发，当他们感到不舒服时，他们会大声尖叫、大声哭泣。因此，他们发脾气的时间很长而且让人害怕。然而，也有情绪化儿童虽有强烈的情绪，但不会直接向外爆发，而是留在内心自己处理。这些孩子在日常生活中面对许多具有挑战性的情况时会变得非常安静和内省，并努力将自己与淹没在他们身上的情绪分开。

2. 我的孩子意志坚定又执着倔强

当情绪化儿童埋头在做一件事时，他们常常不想被打断。能用爸爸的手机换走一个他唱歌的玩具手机吗？请不要对情绪化儿童这么做。他就是想要这个他在玩的手机，并不会因为你出其不意的分心小策略而放弃这种欲望，而是以令人难以置信的耐力尖叫和吵闹来表达欲望，直到疲惫不堪。因此，情绪化儿童往往看起来非常顽固，但实际上他们只是非常坚定：如果他们决心自己建造一个鸟屋，他们至少不会放弃这个目标，就像上面提到的，玩爸爸的手机一样。

3. 我的孩子非同一般的敏感

情绪化儿童所有的感官都特别敏感，他们的皮肤或口腔很容易受到意外感觉或味道的干扰。对于情绪化儿童来说，他们睡觉时非常敏感，听到最轻微的噪音就开始哭泣。长大后，他们往往既挑剔食物又挑剔衣服，因为他们受不了各种不适。他们通常认为羊毛太扎人，牛仔裤太硬，纽扣太紧，袜子不舒服，等等。

对于父母来说尤其棘手的是，情绪化儿童通常会成为房间里成年人的"情绪触角"。他们有强烈的倾向，无意识地将自己的情绪"反映"给父母，也就是说，在自己的行为中尽情释放情感。因此，当他们感到自己的愤怒被压制时，就会发脾气，无缘无故就大哭，让人印象深刻。

4. 我的孩子知觉特别敏锐

情绪化儿童往往是天生的侦探。他们洞察力敏锐，关注细节，并能从中得出结论："你今天的香水闻起来有些不同，你一会儿还要出门吗？"许多父母觉得他们被观察和监视着，其实情绪化儿童并没有故意注意到这些琐碎的事情——而是这些小事自动跳入他们眼中，并且常常让他们分心。对于情绪化儿童来说，通常不可能完成简单的要求，比如让他们快点去厨房取点盐就无法做到。因为在途中有很多东西吸引他们的注意力，在短时间内他们完全忘记了他们的任务。半小时后，你或许可以在去厨房途中的走廊上找到他们，他们正在那里着迷地观察吃面包屑的苍蝇。

5. 我的孩子无法承受日常偏差

当熟悉的日程被意外打破时，情绪化儿童经常感到不知所措。与他们天生混乱和压倒性的内心生活相反，他们通常欣赏清晰、可预测，并在日常生活中能够沿袭的结构。因此，假期通常很难符合他们要完成的挑战，一方面他们期待着假期，但另一方面假期往往以他们发脾气和流眼泪告终。一个不明确的日常生活加上许多人，再加上高噪音和无数其他感官刺激，往往会导致情绪化儿童感觉他们即将爆炸。不受控制的愤怒爆发、暴力攻击和挑衅行为往往是这种过度需求的表现，让父母常常感到愤怒和失望，因为精心准备的儿童生日、家庭中寻找复活节彩蛋的大型活动或堂兄庄严的圣餐仪式，又一次被他们的孩子毁掉了。

或者：我的孩子认为每一个赋予他的常规和结构都是在剥夺

他的自由。

虽然许多情绪化儿童都遵循常规和结构，但也有一些孩子讨厌常规、一成不变和被束缚，让这些孩子每晚在固定时间上床睡觉简直就是徒劳，早晨固定时间起床也是如此。他们对自由有着令人难以置信的向往，只有当他们能够主动选择做什么，以什么顺序和在什么时间的情况下，他们才能合作。

6. 我的孩子有永不休止的精力

情绪化儿童通常被描述为野孩子。事实上，许多情绪化儿童都有强烈的多动欲望，这导致当无法用尽自己的力量时，他们变得烦躁不安。他们通常需要用手做点事情，即使是坐着不动：也要将纸撕成小块，摆弄自己的衣服，一次又一次削蜡笔。

但是，如果认为精力充沛的孩子只需要像牧羊犬一样跑上跑下就会劳累，这种想法也太简单了。情绪化儿童没那么疯狂，他们有强烈的自我效能感，能够对自己是否有能力完成某一行为进行推测与判断。这意味着，与其说是由于对运动有着不可控制的需求，不如说是因为他们追求特定目标的坚韧。攀岩、跑步和蹦跳运动往往与难以控制的运动需求没有多大关系。如果他们想爬出婴儿床，那么他们就会爬出婴儿床，即使需要千百次尝试。如果巧克力放在食品冷藏室的顶层架子上，他们需要将椅子抬上滚筒烘干机，踩上去，直到成功拿到巧克力。如果他们认定把篮球投进篮筐才能回家，那么这个目标会让他们持续努力几个小时。

7. 我的孩子很难接受变化

妈妈换新眼镜了，这对于一个情绪化儿童来说意味着真正的灾难，更不用说让他们换幼儿园和搬到另一个公寓了。对父母来说，处理新情况的困难一直在增长，因为情绪化儿童会有这种印象——他们不能相信自己的感知。因此，情绪化儿童需要慢慢适应新情况。

8. 我的孩子通常觉得杯中的水只有一半

情绪化儿童可能时常会非常高兴，但他们又喜欢冥思苦想，爱动脑筋，专注于困难的、有问题的和消极的东西。对于父母来说，很难忍受的可能是，情绪化儿童在动物园之旅中最难忘的记忆是掉下来的冰。但情绪化儿童并非有意识地选择通过这些视角来看世界。恰恰相反，他们一直在寻找问题，并通过他们清醒的头脑寻求解决问题的方案，可以说他们在对每个问题的探索上都有改进的潜力。虽然他们常常看起来持怀疑态度且脾气暴躁，但他们不是仅仅看到缺点的悲观者，而是可能会成为聪明的怀疑者和建设性的批评者。

你们并不孤单

陪伴一个情绪化儿童是一件很劳累、极具挑战性又绝对令人伤脑筋的事情，父母每天乘坐永无止境的情绪过山车所花费的力气，是正常育儿过程无法比拟的。所以情绪化儿童的父母一次又一次地陷入深深的绝望，他们不知道如何继续面对让他们心爱又让他们疲惫不堪的孩子。

我想给所有情绪化儿童父母传递的信息就是：你们并不孤单！看似没有人和你们一样在战斗，但实际上有成千上万。

我们爱我们的孩子，但有时候也会对他们发脾气；我们永远不想以任何代价交换他们——然而有时我们梦想着拥有正常的家庭生活。有时我们会默默地嫉妒那些"正常"孩子的父母，相比之下，这些孩子经常显得非常平静。如果这些孩子的父母给我们善意的建议，而这些建议无论如何都不会对我们的孩子起作用，那么我们会受到极大的伤害。我们总是在质疑自己，想知道我们究竟做错了什么才导致我们的孩子会这样。我们同时发现，他们从一开始就不同于其他婴儿，比如他们的兄弟姐妹，而我们对孩子们的养育没有什么不同。

我们看到了孩子特殊脾性的优势。有时，我们也希望有一个正常的孩子，他不会让我们在任何地方显得十分突出、引起大家的关注，也不会让别人感觉我们是不称职且要求太高的父母。

我们为拥有我们的孩子感到高兴和感恩，但我们也非常疲惫。

我们一直在想：如果你没有亲身经历过，你根本无法想象拥有这样一个孩子意味着什么。

情绪化儿童的基本需求

我们都需要新鲜的空气、充足的食物、安全的环境和足够的睡眠。但除了这些基本的物质需求外，还有基本的精神需求，以便儿童和成人能够在一起长期生活。这些包括：

- 需要亲近和联系
- 需要支持和指导
- 需要自我效能①和自主性
- 需要欣赏和接受

与我们的基本物质需求相比，我们的基本精神需求总是处于不断的冲突中，且永远不能同时完全实现。毕竟，完全亲密与完全自主是对立的，限制外部支持则与全面自我效能的发展相对立。但正是这种紧张关系创造了有益的需求平衡，这对我们的心理健康非常重要。就情绪化儿童而言，这意味着：作为父母，我们的目标不可能是解决他们的内心冲突，即对亲密关系的需求与对自由的渴望之间的冲突、对秩序的渴望和对边界的反叛之间的冲突。因为，正是这种紧张与人类的存在密不可分。但我们可以向我们的孩子展示，他们内心的冲突可以变成一个强大的动力，推动他们在个人发展中前进。因为有张力的地方也有力量，内在

---

① 自我效能（self-efficacy）指人对自己是否能够成功地进行某一成就行为的主观判断，它与自我能力感意义相同。一般来说，成功经验会增强自我效能，反复的失败会降低自我效能。——译者注

的冲突也是改变的催化剂。让我们更深入地了解我们孩子的基本
需求吧！并看一看我们如何平衡这些需求。

"我需要你的亲近"

我们人类天生就是社会性的，对与他人的亲密关系有着深深
的需求。从进化角度看，这也是有意义的，因为从人类的进化历
史来看，没有依恋就没有生存。这对孩子来说更是如此，他们需
要的是一直对他们负责的成年人，直到他们能够自己照顾好自己。
每个人所谓的依恋系统，即一个人如何在幼儿期建立和塑造关系
的内在"蓝图"，都基于我们与第一位支持者（在大多数情况下
是父母）的经历。对一份安全和值得信赖的亲密亲子关系而言，
重要的是一方面父母给予孩子的身体接触，另一方面是父母对孩
子压力信号的敏感度，如果小家伙哭了或喊了，立刻就得到了亲
切、适当又迅速的安慰，他们就会对其他人和世界产生一种深深
的信任——所谓的初级信任。情绪化儿童出生时对世界有着特别
强烈的依恋，他们需要高于平均水平的身体亲密接触才能在婴儿
时期感觉到安全和受保护。

"我需要你的支持"

出生前，每一个婴儿在妈妈腹部都会直接感受到支持和限制
的感觉：子宫壁限制了他的运动，标志着他自己小世界的边界。
通常情况下，即使在出生后，情绪化儿童也特别需要亲密和支持：
他们喜欢被紧紧地包在婴儿背带里，或者被紧紧地裹在襁褓毯里，

如果哺乳枕像一个巢穴一样放在他们身边，他们通常睡得更好。
情绪化儿童长大后仍然有强烈的限制需求，但不再主要是身体属
性。相反，清晰度和可预测性的结构取代了婴儿背带和襁褓毯：
日常生活中可靠不变的家庭结构和友好坚定的父母给予情绪化的
孩子支持和指导。

"我确信自己"

如果仔细观察，你会发现，即使是最小的孩子也有积极塑造
日常生活的愿望：他们清楚地表明他们对哪种拨浪鼓感兴趣，他
们是喜欢与朋友在一起还是独处，他们是喜欢被抱着还是不被抱
着。他们把自己的胳膊放在袖子里，这样有助于穿衣，有时他们
会极力保护自己不受缠绕。随着所谓的自主阶段的开始，他们就
会极力发现自己的意志——从此，他们就以极大的动力要求自己
获得自由和自主的权利。情绪化儿童通常为他们的自主而艰难奋
斗，在后来的生活中，他们一次又一次地质疑权威和等级制度，
尤其是当这些限制了个人自由时。对于他们的心理健康而言，能
够享受自由和实现自我效能非常重要，尤其是在一个把他们的强
烈意志视为难能可贵的环境中，在一个父母和老师对他们的发现
更多说 Yes 而非 No 的环境中。

是情绪化还是其他的

这本书的核心信息就是，我们必须扩大对"正常儿童"的印象，因为正常的儿童行为比我们以为的涵盖更多。不是每一个小男孩和小女孩都可以在两岁的时候不需要帮助就睡觉；在两岁的时候就习惯托儿所；在三岁的时候不再发脾气，能够安静地坐着，并连续学习五个小时。事实上，情绪化儿童往往不能做到这一切，但这并不意味着他们是异常的或需要治疗，而是意味着成为正常的孩子有许多种不同方式。

情绪化儿童的行为通常都是儿童气质的正常和健康表现，但是，也有一些情况下，极度激动、不受控制地发脾气、严重的悲观或严重的冲动控制困难也需要诊断和治疗。所以，如果父母觉得他们的孩子一直遭受着他人的折磨，或者觉得孩子的行为引起了他人的关注，那么让合适的专家来澄清这一点当然是个好主意。在专家做出诊断后，父母仍然可以决定如何处理。例如，有睡眠实验室证明，婴儿和幼儿如果在几个月大的时候不能自己单独入睡或睡觉，就有睡眠障碍的治疗需求，而情绪化儿童却几乎不这样。从这些发现来看，父母不应该被愚弄：不是每一个医疗标签都意味着需要真正的治疗。另一方面，情绪化儿童除了敏感、冲动、开放和具有同情心的基本特质外，还可能有另一个"建筑工地"：认知障碍、极高的天赋、部分功能障碍、注意力缺陷综合征和自闭症。专家的治疗支持在这些情况下更有价值，这本书也是一个有价值的补充。因为即使一个情绪化儿童有特殊需求或治疗需求，他还是一个需要得到父母的理解、陪伴和无条件的爱的孩子。本书提供的建议对情绪化儿童的父母以及健康儿童的父母均有帮助。

情绪化，超敏感，高需求

在寻找孩子特殊气质的解释时，许多父母经常会遇到两个概念：要求苛刻的婴儿和幼儿有时被描述为"高需求宝宝"一个非常苛刻的术语——这一术语要追溯到美国儿科医生威廉·西尔斯①。具有特别强烈的情感的大一点的孩子经常被父母认为是"高敏感"。那么"情绪化"是高需求、高敏感的同义词吗？不是。作为"高需求"，西尔斯将其定义为具有不安的脾气和对亲近有巨大需求的婴儿和幼儿。这些婴儿或幼儿特别想要母乳喂养，晚上不能睡一夜。因此，这个标准几乎不适用于年龄较大的儿童。

在这方面，定义肯定有重叠，许多情绪化儿童在婴儿和幼儿期符合了高需求宝宝的所有特征。但并非每个情绪化儿童都曾是高需求宝宝，并不是每个高需求宝宝都会成为一个情绪化儿童。

"高敏感"的概念实际上几乎涉及所有情绪化儿童共同的性格特质。但是，正如我所定义的那样，情绪化远远超出了高敏感性。因为情绪化儿童除了高敏感性还有所有其他特征：精力充沛、野蛮、叛逆，而这些特质在只有高敏感的儿童的身上往往不体现。事实上，所有情绪化儿童中的很大一部分都是高敏感的——但绝不是每个高度敏感的人都是或者曾是情绪化儿童。

---

① William Sears，美国医学博士，南加州大学医学院儿科教授，美国权威育儿杂志《如何培养婴幼儿说话》和《婴幼儿抚养》的首席专家顾问，全美最著名的儿科医师之一。——译者注

将情绪化作为借口

不论是在学校还是在超市，如果孩子的一些行为常引人注目、让人尴尬，对于我们父母来说，羞耻和内疚就永不会远离我们。因此，父母经常因孩子的行为感到痛苦，有时会给他们贴上标签或诊断，比如："我的孩子没办法管，就是情绪化！"在美国，当一个家庭把孩子介绍为"性情儿童"时，教师或保育员有时会因此紧张不安。即使他们中几乎没有人会怀疑，在激烈的情感生活中，有一些孩子面临着特殊的挑战，并且他们中的许多人都认为，用个性特征就可以解释性情儿童的一切。

因此，首先，为了真正了解孩子面临的特殊挑战，父母要将情绪强度的概念作为合理解释，而不是作为任何不当行为的借口。具体而言，情绪化儿童应该得到理解，但他们很少有权利像任何其他孩子一样，在情感洋溢时跨越他人的界限。因此，我们作为父母一方面要帮助孩子获得社会的理解和同情，另一方面也要为他们提供非常具体的工具或技能，教他们远离侵略性和破坏性的冲动，把他们引导到合理的道路上，即使这对他们来说比其他孩子困难得多。

第二章

与生俱来还是后天养成：为什么
我们的孩子如此特别

我们做错了什么

17 名芭蕾舞的后起之秀们乖乖地站在队列里训练体态，只有我的孩子倒挂在杆上扮怪相。家庭合照时，所有的表兄妹们穿戴整齐、面带微笑地面对镜头，只有我儿子死都不愿意脱下他那件橘黄色的"建筑师鲍勃"①T 恤，而且也不看镜头。

所有上幼儿园的孩子都知道不能在游戏间和楼道里乱跑，只有我家小孩什么都不听，在衣帽间里像跳跳球一样乱跳。

三个兄妹里有两个正在期盼着圣诞老人的到来，只有一个已经哭闹了半个小时，只是因为认为当晚靴子应该像他们听到的一样，放在门前而不是放在门后。

当自己的孩子总是这么冒尖和特立独行，父母们不禁会问自己，这到底是为什么？

我们的社会里总流行着这种观点，即孩子举止失常、缺乏教养，就是父母的过失。人们普遍认为，只要教育得当，孩子就能学会遵守规矩，合群并安静地坐着和等待。

作为情绪化儿童的父母，他们每天都需要承担令人难以置信的压力。如果每次孩子犯错他们都要被指责的话，那么他们每天都会好多次被指责为不称职的父母。每次孩子大发雷霆，每次大喊大叫或者有其他神经质的表现时，他们都会被指责道：为什么他们没有将孩子调教好？

---

① 一个卡通人物。——译者注

可悲的是，我们作为父母，总是被认为要对孩子的所作所为负全部责任，所以我们也常常为孩子的行为而感到惭愧，即使没有人看到。因此，当我们的孩子没有像预期的一样时，不仅仅有超市中挑起眉毛表示怀疑的人在谴责我们是坏父母，我们也在谴责自己。

因此，情绪化儿童的父母经常在夜里失眠并绞尽脑汁在思考，他们究竟做错了什么才导致自己的孩子会变成这样？

是不是怀孕时的压力对孩子造成某种程度的伤害？如果我多休息一点，早点去休产假，是不是就不会这样？

也许分娩时出了问题？是不是对我们的宝宝来说时间太长、太紧张而且太累了？如果我们计划剖腹产是不是更好？

又或者正好是反过来：在剖腹产手术中，如果缺乏自然分娩的经历，我们的孩子是否就会这样？

是不是因为我们的孩子在婴儿时代缺了什么？我是不是太没有安全感，压力太大，一切都太过不堪重负了？其他父母在婴儿用品上准备得更好？

或者是因为我们在教育孩子上失败了？我们设置的限制太少、前后不一致、管孩子管得太松了？

停！我想对所有这些父母说，停止这种自我毁灭性的思考，停止因为一个至关重要的错误折磨自己，停止追究自己的责任！我们父母应该得到这样的印象：你们没有错！

一个与生俱来的特质

情绪化不是后天形成或可以阻止的特质，而是天生的人格特质。

从现代人格研究中我们得知，每个新生儿出生时大脑都具有某种基本态度，这决定了他对周围世界的感知方式。我们个体记录和处理外部刺激的这种独特方式奠定了我们天生性格的基础。这种性格决定了我们的神经细胞在大脑中的兴奋程度，决定了我们的兴奋速度以及我们能够让自己平静下来的难易程度。此外，它还会影响我们的感官，如对气味、味道和声音的感受。我们个人的能量水平也与我们的天生性格有关：有些人天生只需要一点运动就能感觉良好，而另一些人则需要进行大量的身体运动。最后，我们与生俱来的性格也决定了我们如何与他人的情感产生"共鸣"。有些人将对方的每一种情感都视为自己的情感，而另一些人则认为很难将自己置于另一个人的位置进行换位思考和感受。

美国哈佛大学的人格研究员杰罗姆·卡根[①]将他的整个学术事业奉献给了"我们的天生人格如何塑造我们的个性发展"这个问题。他让成千上万的新生儿接受不同的刺激，目的是观察他们是如何回应的，并从中得到结论。即使在四个月大的时候，婴儿就可以被分为三种基本性格。40% 的新生儿极度放松，几乎不会被打扰，他们哭得很少，睡得很好，爱微笑，真的让父母很容易觉得自己是称职的守护者。另外 40% 的新生儿要求更高：虽

[①] Jerome Kagan 是美国知名心理学家，专注于对婴儿和儿童的认知和情绪发展的研究，尤其是对气质形成根源的研究。1987年曾获美国心理学会颁发的杰出科学贡献奖。——译者注

然他们表现出一定程度的满意，但他们更容易"偏离轨道"——例如，当妈妈离开房间时，他们就变得紧张起来，但也可以再平静下来。还有 20% 的婴儿，卡根称他们具有"高度反应性"。情绪化儿童的父母应该熟悉：他们非常易受刺激，敏感，很难处理好压力，比其他婴儿哭得更多。但与此同时，他们也非常积极和好奇，并且一直坚持不懈，这就是为什么他们经常在运动中把其他婴儿甩在后面。

对于这些婴儿，卡根有特殊的偏爱。在精心设计的长期研究中，他跟踪了研究中反应迅速的婴儿，并发现：出生时高度敏感、特别易受刺激的婴儿，他们的寿命也更长。卡根在接受一次采访时曾说："我在作为哈佛大学教授工作的 40 年里，曾有过 200 名科学助理，我一直在找反应迅速的助理，他们缜密、不犯错误、对测量数据小心谨慎。"他敢打赌，如果美国计划进行太空飞行，那么勇敢的宇航员以前是深度放松的宝宝，而地面的指挥官（即幕后工作人员）也曾是反应迅速的宝宝。并不是每个情绪化儿童都曾是反应迅速的宝宝，也不是每个反应迅速的宝宝都是情绪化儿童。但是卡根的研究结果显示，过去总特别敏感和易受刺激的儿童，现在也仍然如此。他们这种突出的性格是自然的，就像红头发和绿眼睛一样，并非不正常。

你们没有过错

我们父母很少能影响孩子这种与生俱来的性格，就像很难改变头发和眼睛的颜色一样，这是基因的相互作用导致的。但人类的个性不完全是天生的，而是当我们固有的看待世界的方式与我们在生活中所经历的相符合时产生的。对于情绪化儿童来说，这意味着：他们大脑独特的基本设定从一开始就使他们如此敏感、冲动和易受刺激。但是他们的个性最终会朝哪个方向发展，不管他们是受着性情的折磨还是感觉到这是真正的力量——所有这些都不是由他们的基因决定的，而是由他们人生道路上大大小小的经历决定的。事实是并不是父母的行为导致孩子情绪化的，但这并不意味着我们对我们的孩子最终如何结束他们特别强烈的情绪生活没有巨大的影响。相反，多年来，父母对孩子来说是世界上最重要的人。尤其在生命的最初几年，父母是孩子的世界。

因此，父母没有理由对孩子与其他孩子的不同感到内疚。但我们有充分的理由对这样一个事实负责：情绪化儿童并没有因为特殊的气质而自暴自弃，而是健康幸福地成长。

情绪化名人：珍妮·古道尔（Jane Goodall）

一个狂野的小女孩，她喜欢爬树，痴迷于读书，非常渴望在非洲野生动物中生活。小珍妮看起来不像一个 20 世纪 30 年代英格兰的大多数母亲所希望的女儿那样谦虚、乖巧。但是她的妈妈万娜，身为一个作家，鼓励她的女儿说："珍妮，如果你真的想要一些东西并为此努力工作，利用你所拥有的机会，永不放弃，那么你终会找到一种方法让你的梦想成真。"为了让女儿开心，珍妮的妈妈带她到电影院去看电影《泰山》（*Tarzan*），珍妮曾特别喜欢《泰山》这本书，但随着电影的展开，珍妮看到白人演员约翰·韦斯穆勒担任的主角时，她开始歇斯底里，泪流满面，不能自已，以至于母亲不得不和她一起离开了电影院。在电影院安静的走廊里，珍妮终于说出了她情绪爆发的原因：影片中的泰山不是她在阅读时想象的泰山。

因为珍妮年轻的时候付不起大学学费，她做过秘书，也做过服务员，就这样节省出一张去肯尼亚的船票。在那里，她遇到了著名的人类学家及古生物学家路易斯·利凯（Louis Leakey），珍妮丰富的非洲知识给路易斯留下了深刻印象，路易斯邀请她做他个人的科研助理。因为英国当局政府反对一名年轻女子独自去非洲研究黑猩猩，所以珍妮的母亲同意陪她的女儿参加她的第一次研究考察。凭借其敏感和耐心，珍妮成功地与刚开始很害羞的黑猩猩慢慢建立起一种信任关系，能够比以往更加密切地观察它们。她与黑猩猩们保持在同一视线水平，与它们分享她的食物，爬到树上，模仿它们的语言。凭借着大胆而又敏感和充满感情的交流方式，珍妮成为最受尊敬的灵长类动物研究人员之一。

难道怀孕压力太大导致孩子情绪化

情绪化儿童可能出生于非常不同的家庭中：备受关爱的家中或者生活条件不稳定的家中，可能是期待已久的孩子，也可能是那些没有避孕措施而出生的孩子。轻松理想的怀孕状态和情绪化的怀孕状态一样，都可能生出情绪化儿童。对于妈妈来说，认清这一点非常重要，婴儿在妈妈肚子里已经承受了太多压力，即使在经历非常困难的孕育之后出生，也不会因此成为情绪化儿童。

与此同时，人们当然不能否认胎儿在孕期的后半段已经可以感知妈妈肚子以外发生的事情。咆哮声和砰砰的敲门声甚至会使胎儿在子宫中感到压力，并使母亲的怀孕处于一种持续焦虑和警戒状态，即使是未出生的孩子也能感受到这种紧张。

这种说法是从产科医生和儿科医生那里得到的，但无法从科学上加以证明。同时，可以从最近的调查中推断出一定的相关性。例如，英国帝国理工学院精神病研究学者艾丽娜·罗德里格斯（Alina Rodriguez）在 2008 年的一项著名研究中指出，怀孕期间离婚的母亲，其孩子在 8 岁的时候比同龄人更有可能具有叛逆行为和患热性头痛。然而，这些研究需要谨慎对待，因为它们最终与怀孕期间压力造成的影响没有什么关系：离婚的痛苦和单亲母亲的负担并没有随着孩子出生而结束。此外，不是每个神经质或急躁的孩子都是情绪化的——通常孩子难缠的行为只是表明他们无法应对紧张的生活状况。

在这方面，更有启发性的是美国丹佛大学心理学教授埃利西亚·戴维斯（Elysia Davis）的一项研究，她测量孕妇以及后来她们孩子血液中的压力激素皮质醇水平，发现怀孕时长期精神压力过大而皮质醇水平升高的女性更容易怀有皮质醇水平高的婴儿，这些婴儿因此对压力特别敏感，在他们 6 岁的时候，这些孩子中就有很多人在脑扫描时显示出活跃度高于平均水平的杏仁核——这是大脑的"危险探测器"，对情绪化儿童强烈的情感生活有非常大的影响。母亲在怀孕期间的压力激素水平对其孩子的大脑对某些刺激的反应有影响，这一事实表明，情绪强度虽是先天的，但可能也有表观遗传成分。这意味着：情绪化儿童从一开始就已经带有情绪化的遗传倾向。

这个基因是否被"开启"以及它的强度如何，也取决于怀孕期间的外部因素。妈妈不应觉得孩子有这种特殊个性是自己的过错。毕竟，在孩子的大脑结构中真正稳定下来所必需的那种永久性压力，并不是一位孕妇自己可以减轻的正常的日常压力。严重的心理压力会导致孕妇的皮质醇水平升高，如近亲死亡、创伤性分居或经历暴力。在这些情况下，孕妇什么都做不了，只能遭受痛苦。这就是情绪化儿童的妈妈不能因一点事情就责备自己的原因。如果只是怀孕时紧张造成孩子情绪化，这并不意味着这个孩子现在一定会"崩溃"或者甚至更糟，因为他的大脑运转方式与母亲不同。

相反，情绪化也可以是一种礼物，它表明：我们在怀孕期间一起经受了严重的压力，我们不仅对压力非常敏感，而且反应也非常灵敏，这让我们现在能非常强烈地感知和享受生活美丽和光明的一面。因此，尽管条件如此艰难，但怀着爱和理解养育孩子的妈妈不应受到责备，也不应该自责，而是应该得到人们的理解。顶着怀孕的压力，并在一个情绪极度紧张的时期里生下孩子，这本就是一个超人的成就。而现在，陪伴这位情绪化儿童长大成人，让妈妈都成为一个真正的女英雄。

当大脑的运转方式不同时

　　从表面上看，我们每个人的大脑长得都一样，中间是脑干。而从进化的角度来说，脑干是大脑中最古老的部位，它控制所有重要的身体功能：我们的饥饿和饱足感，我们的血液循环，我们的呼吸和体温，还有我们运动的冲动和平衡感。在极端压力情况下，我们的大脑通过切换到"战斗"或"逃跑"模式来进行调节，这种模式一直在拯救我们的生命，因为石器时代人们在被危及生命的情况下，只有两种反应模式：攻击或逃跑。

　　脑干周围是边缘系统，这部分大脑主要是控制人的情感反应的。从这里开始，愤怒、恐惧、悲伤和快乐充斥着我们的身体，积极的情绪主要集中在大脑的左侧，黑暗的情绪主要集中在大脑的右侧。脑干和边缘系统之间的一个特殊联系是情感中心：杏仁核是大脑中对焦虑和愤怒特别敏感的杏仁状小区域，在适当的威胁发生时，它将信号发送到脑干，进入"战斗"或"逃跑"模式进行转换。同时，杏仁核与迷走神经①紧密相连，迷走神经从大脑通过肺部、心脏和胃，引导情绪传遍全身。

---

① 迷走神经（vagus nerve）属于混合性神经，是脑神经中行程最长、分布范围最广的神经，于舌咽神经根丝的下方自延髓橄榄的后方出入大脑，经颈静脉孔出入颅腔。之后下行于颈内、颈总动脉与颈内静脉之间的后方，经胸廓上口入胸腔。也被称为"第10对脑神经"。——译者注

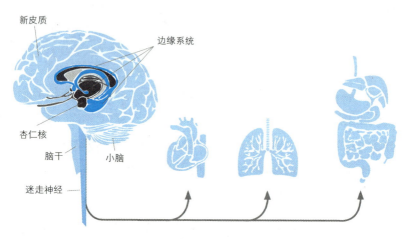

新皮质

边缘系统

杏仁核

脑干

小脑

迷走神经

情绪化儿童的杏仁核是"大脑的警报系统",它是超敏的。因此,通过迷走神经进行自我安抚需要更多的外界支持。

边缘系统的上方是新皮质(Neocortex),从进化角度看,这是我们思考和做决定的最年轻且理性的大脑区域。

但是,即使我们的大脑构成看起来一样,每个人的神经元也是不同的。例如,个性研究者、高反应性婴儿的发现者杰罗姆·卡根发现,情绪化儿童敏感的性格来源于特别敏感的杏仁核,即使在相对较低的压力水平下,杏仁核也会将信号发送到脑干进行转换。这就是从父母的角度看情绪化儿童经常反应过激的原因。他们没有假装某件事是灾难,他们的杏仁核对每一件小事都会做出灾难性反应。当他们的大脑切换到"战斗"或"逃跑"模式时,孩子们别无选择,只能像疯了似的战斗、尖叫和咆哮,或者逃跑和躲藏——即使这危机的导火索可能只是最爱的夹克上的拉链断了，情绪化儿童对它的反应在常人看来不合逻辑，而且过于夸张。根据卡根的研究，情绪化儿童对压力特别敏感的另一个原因似乎是他们血液中的压力激素皮质醇和去甲肾上腺素的水平永久性升高。因此，随着这两种激素的进一步上升，总量很快达到临界水平，导致边缘系统发生激烈的情绪反应，而在急性的压力情况下，80% 的儿童在零线启动压力激素水平，可以看到其体内空气明显增多。

触摸和亲近的力量

可以理解的是，对于情绪化儿童的父母来说，这种对他们孩子大脑的观察通常会引起复杂的情绪：一方面，知道孩子难以理解的情绪爆发有一个具体的生理原因——这当然是一件令人欣慰的事；另一方面，情绪化儿童的大脑对焦虑和压力的反应比对快乐和情感更为敏感——这种想法也令人望而生畏。 这就是为什么回到迷走神经的角色上是如此的重要，在这个神经生物学的小"旅行"结束时，广泛的神经系统将感觉从大脑传送到身体，从而使我们的心跳越来越快，让我们的胃痉挛和呼吸变得更平和。迷走神经不仅将情绪从大脑传送到身体的其他部分，它还将来自身体的信号传回大脑，从而有助于稳定高度兴奋的神经细胞。实际上，任何有助于安抚不安身体的东西都能让大脑放松。这就是为什么永远不要让孩子沉浸在痛苦、恐惧、愤怒或绝望的情绪中是如此重要。如果没有外界帮助，孩子很难刺激自己的迷走神经，使其平静身心，情绪化儿童则更无法做到这一点。

因此，他们需要大量充满爱的陪伴，比起话语来，他们更想要小心温柔的触碰。因为正是这些到达迷走神经的身体信号发挥让人平静的作用。家长普遍认为让一个孩子单独待着，他就可以学会自我平静，结果恰恰相反，如果没有外界的安慰，人体内的压力荷尔蒙水平就会越来越高,而迷走神经就无法发挥它的作用。如果在孩子发脾气、抽搐和情绪崩溃时，父母每时每刻都陪在孩子身边，给予安慰和温柔，抱抱和抚慰颤抖的孩子，或者只是静静待在旁边，不仅在这一刻，而且从长远来看，迷走神经的作用都在加强。如果孩子的情感风暴一直被爱伴随，随着时间的推移，他们的迷走神经就会越来越强，以至于逐渐越来越少地通过外界的帮助来达到自我平静。通过这种方式就产生了所谓的自我调节能力，这种在危机时刻摆脱最大压力、深呼吸并恢复平静的能力，对于孩子的健康和幸福生活是非常重要的。情绪化儿童往往比其他人更难培养这种能力，因此他们需要更多的父母陪伴、支持和安慰，直到他们能自己对付这种紧张的情况。有时父母会觉得，安不安慰发脾气的孩子无所谓——毕竟，孩子发脾气的时间既不会因此缩短，发脾气的次数不会变得更少或可以降低发脾气的严重程度。但是，即使从表面看不到，在孩子的身体和大脑中却会产生巨大的差别，这就是英国大脑研究者马戈特·桑德兰（Margot Sunderland）博士所说的"安慰科学"。

情绪化儿童不是新现象

绪化儿童一直都存在，而且往往生活得不幸福。他们被贴上了难相处、不守规矩的标签，被视为是喜欢哭哭啼啼和捣乱的孩子。最重要的是，他们被视为是难以教育的儿童，这在过去几个世纪里成为西方教育文化中一种绝对致命的"罪行"。为了让跳舞的孩子们保持队形一致，人们甚至不惜采取残酷的措施。不少孩子在学校和家里感到羞耻和侮辱，受到虐待和惩罚，在这种折磨中变成"破碎的人"。

幸运的是，在纳粹独裁统治结束后的70年间，德国处理"难教养孩子"的方法逐渐发生了积极的转变。战争结束后，所谓的体罚在四个占领区已经明显减少。在民主德国，1949年起就禁止教师殴打学生；在联邦德国，受1968年新社会运动的影响，体罚在1973年从学校消失了。然而，"不守规矩"的孩子没有免于父母的身体和精神暴力。随后，在公共场合打"不听话"的孩子被社会逐渐禁止，但直到20世纪90年代之前，打孩子在家庭里仍然普遍存在。与此同时，非体罚①取代打屁股被确立为一种对儿童友好的惩罚方式。现在，儿童受到的非体罚越来越多。这种形式的心理暴力对每个孩子都是痛苦和有害的——给具有高度敏感和冲动个性的男孩和女孩会造成特别严重的心理影响。他

---

① 非体罚是一种心理上的惩戒，包括在班集体里孤立他们，停止他们该享受的权利（如参加班级、少先队的活动），对他们表示冷漠，个别批评，当众严厉斥责，给予一定的校纪处分，等等。——译者注

们不仅受到了心理伤害，而且还必须培养出一种超人的耐力，以免明显地表现出在他们身上产生的强烈情感——否则他们会再次受到惩罚。

自 2000 年以来，《德国民法典》保障每个儿童接受非暴力教育的权利，它做出简单明了的规定："体罚、心理伤害和其他有辱人格的措施都是不允许的。"这是一个里程碑，尤其是对于情绪化儿童，因为他们是暴力教育措施较高比例的受害者。然而，这仅仅是一个开始，因为只要我们认为那些无法归类的孩子有问题，这些孩子也会觉得自己不对劲。世界上没有任何法律可以改变这一点。

这就是为什么写这些孩子对我来说如此重要，情绪化儿童是如此不同，同时又如此正常，他们像任何一个孩子一样想要被接受和被爱。他们的整个生存环境、特殊的性格和强烈的脾性也面临着特殊的挑战，有时使我们很难去爱和接受他们。

然而，回顾过去就可以看出，如果情绪化是一种遗传性的人格特征——最近的人格研究得出的结论——那么，许多情绪化儿童的父母很可能也出生于情绪化家庭，即他们的不少家庭成员出生时也是情绪化宝宝。但在那时候他们并不知道。是的，甚至我们自己也可能曾是一个情绪化儿童，或许不全都符合情绪化儿童的特征，但符合其中的一部分。如果在我们的人生行囊中背着这样一个故事，充满爱意地陪伴一个情绪化儿童（或多个，可能还有情绪化的兄弟姐妹），生活是特别痛苦和充满挑战的。

坐着不动对我来说一直是一种煎熬。事实上，我最早的童年记忆之一就是坐在桌子旁，妈妈让我保持双腿并拢不动。我手脚动个不停，妈妈说什么都不管用，于是我左右脸各被打了一记耳光……因为我的不服从。我还记得我感觉有多么不公平，因为我真的想服从。就像我受到惩罚，只因为我是我。那时我可能有三四岁。

一年级的时候，我发现了预防我好动的秘诀：我只需要在上学前多花些时间让自己筋疲力尽，然后我就可以忍受学校的课程。所以我去学校前上了一个健身课，有俯卧撑、短跑、仰卧起坐。回家后，我就可以静静地坐着享用午饭。

这个技巧帮了我很久：工作后，周一到周五我早上五点起床，骑一个半小时的自行车到办公室。这样我就能安然度过办公桌前的时光。之后，我不得不再做两个小时的运动让我保持继续在办公桌前安然工作一段时间。

后来我退休了，可以整天在屋里和花园里工作，整理我想要的东西。

这样一来，我多动的强烈欲望实际上变少了，我每天只骑一次自行车。在我生命中，我第一次可以这样过日子了。

前几天，当我告诉我的家庭医生这项运动是如何救了我的时候，她说那是一次非常幸运的经历。她在实践中遇到了很多像我这样年纪的男人和女人，他们天生就有动起来的冲动，就像孩子一样。他们中很多一辈子都会沉溺于毒品和酒精之中，这不仅损害了他们的身体健康，而且最终也损害了他们的生活乐趣。

乔基姆（66岁）

到处都有情绪化儿童

如果孩子特别容易受到刺激而不能控制自己的情绪，需要额外的陪伴，这时就有父母会怀疑自己是否过于关注孩子的敏感。除了断言孩子在过去并没有那么复杂难管之外，情绪化儿童的父母还经常听说，孩子需求多是一种现代社会的现象，而且这种现象只有在繁荣的工业化社会才会发生，"原始人类时期没有大叫的宝宝"。

但这并没有科学的证据。与之相反的是，行为研究人员海迪·凯勒（Heidi Keller）和她的团队已经能够证明，在他们研究的每一种文化中，大约每7个孩子中就有1个与其他同龄孩子不同。即使是生活在非洲沙漠部落中的狩猎采集家庭，也有一些婴儿从出生起情绪就更敏感、更易受刺激。相比同龄孩子他们哭得更多，情绪更难平静下来，但同时他们往往很活跃、好奇心重和坚持不懈。

非洲沙漠中的有些部落认为婴儿哭得厉害是因为着了魔；还有一些部落认为，敏感的婴儿与神灵世界保持着特殊的联系。

事实上，全世界一直有情绪化儿童陆续出生，这表明：从进化角度来看，情绪化特质不是人类进化的障碍，不是人类的弱点，更不是人类的生存劣势——否则，这种特质就不会存在至今。

在我看来，我们的孩子有时似乎与那些显然更能适应日常生活挑战的孩子相比处于不利地位，但我们孩子的"超能量"①更强。"大自然故意在所有物种中创造出多样性，而拥有高度发达

---

① 出自德国作家佩特拉·诺依曼一本关于超敏感儿童的童书《有超能力的亨利》。——译者注

的社会生活的人类将这种多样性推向了极端"，赫伯特·伦兹－波尔斯特①解释说，"我们是一组专家，正是我们的差异使我们变得强大。毕竟，这种差异对我们的生存始终是至关重要的，我们的家族因其多元化的成员而具有灵活性，能够以多种方式自我保护。"想象一下我们祖先的生活——在一个游牧部落中有30～50个不同年龄的人，他们需要一起抚养孩子、寻找食物、抵御敌人。把群体团结在一起——很快就会发现，他们需要不同类型的成员：稳重的、能够给群体带来稳定和支持的部落成员，同时也需要最勇敢、最坚持不懈、最无畏的童子军在新矿藏上进行探索，需要有魅力和热情的领导者，以及照顾弱势群体的护理人员。

情绪化儿童可能永远也不会成为那些冷静、稳重的部落成员，这些成员不会引起不满，可以克服所有困难，适应新环境。但是，由于情绪化儿童的特殊气质，他们可以扮演一个对具有不同基本情感态度的人来说不太满意的角色——需要大量的心血和激情、精力和同理心的角色。一个只由情绪化成员组成的部落可能不会运转，但在一个完全没有情绪化成员的部落里，也会缺失些东西。原因可能是，情绪化的气质作为出生时的性格特征尽管少见，但也不至于少到一个集体中完全没有情绪化成员。大自然似乎很清楚人类需要多少情绪化儿童，可以说，情绪化儿童是整个人类中不可缺少的一部分。

① Herbert Renz-Polster，医学博士，德国知名儿科医生，海德堡大学曼海姆医学院公共卫生研究所的科学家、作家。他主张从进化生物学的角度来探讨儿童的成长和教育。——译者注

情绪化名人：史蒂夫·乔布斯（Steve Jobs）

乔布斯小时候被一对好心的普通美国夫妇收养，妈妈是家庭主妇，爸爸是机械师，他们一家过着平静的生活。但乔布斯的情况不同，他觉得自己想的和别人不一样。他多次逃学，几乎没有朋友，更喜欢在业余时间拧开电器一探究竟。但他不拘一格、无所畏惧的性格也为他打开了成功的大门：他获得了第一份暑期实习，因为他把电话打到了惠普创始人比尔·休利特（Bill Hewlett）那里。他的父母无条件地支持他，甚至不惜负债，即使他们并不真正理解什么才是他们儿子的真正动力。后来，乔布斯在 1976 年成立了苹果公司。

乔布斯不像计算机行业的其他许多人一样仅仅是一个技术怪咖，他还关心感性体验。他的发明不仅要通过智能技术说服人，而且要在情感层面说服人：它们看起来很漂亮，使用起来感觉很好、很愉快。苹果不仅仅是电脑，更是美好的艺术品。正是这种技术专长与整体思维和感觉之间的联系使他获得了成功。今天，苹果是当今世界最成功和最受欢迎的公司之一，史蒂夫·乔布斯是世界各地思想者的榜样和领袖——他很高兴地接受了这个角色，正如乔布斯 1997 年在苹果的著名广告中所说的那样："他们特立独行，他们桀骜不驯，他们惹是生非，他们格格不入……因为他们改变了寻常事物。他们推动人类向前迈进。或许他们是别人眼里的疯子，但他们却是我们眼中的天才。因为只有那些疯狂到以为自己能够改变世界的人，才能真正改变世界。"

情绪化儿童会越来越多吗

如果情绪化是一种先天的基本特质，那么情绪化人口在总人口中的比例应该是恒定的。然而，这并不符合许多教育工作者、教师及其他在职业中经常与孩子打交道的人的印象。他们中的许多人都有这样的感觉：情绪化儿童的比例现在正在上升，可以说在幼儿园和学校里，似乎出现了越来越多的情绪化儿童。怎么会这样？

如果认为我们的个性是从遗传固有特征综合我们在家庭和社会环境中的经历进化而来的，那么这表明我们在用德国和当今西方世界的许多其他地方的父母的方式伴随着孩子们的成长，促进他们的内在情感力量的发展而不是抑制它。这实际上是一个新现象，在我们前面的任何一代父母都没有考虑过如何在不伤害孩子尊严和纯洁的情况下将孩子养大。无条件地保护每个孩子的独特性的观念从未像今天这样受欢迎。父母从来没有像今天这样了解过孩子的成长、人脑的成熟过程、依恋关系的出现，以及信任亲子关系对人格发展的重要性。

各行各业的专家偶尔会嘲笑或批判地看待我们这一代家长陪伴和尊重孩子的干劲、认真与热情，他们担心我们正在培养一大群"致命的暴君"。而对我们的孩子来说，尤其是对情绪化儿童来说，这种发展却是一种巨大的幸运。在人类历史上，孩子第一次遇到这样的成年人，这些成年人不想不惜一切代价让他们保持一致，而是以理解和无条件的爱来面对他们和他们特殊的气质。他们出生在一个慢慢意识到他们可能需要更多的同理心的世界里。我们的情绪化儿童仍然很难与自己和他们强烈的情绪相处，但是他们会越来越多地展现自己天生的潜力。

情绪化名人：阿斯特里德·林德格伦 [①]（ Astrid Lindgren ）

"我感觉到了我的生活！" 玛蒂塔大喊。

——儿童文学作品《玛蒂塔》

　　林德格伦就曾如她笔下的玛蒂塔一样，是个这样的孩子：敏感、自信、有冒险精神、感情强烈。她写出了玛蒂塔内心深处的所有感受，像一个活生生的大朋友一样感受大自然、在教堂里唱歌，圣诞节时心中充满了兴奋、喜悦和幸福。

　　林德格伦年轻时爱上了一个已婚、年纪比她大得多的男人，并生下一个孩子，她让这个私生子和养父母一起长大。她开始写作是为了减轻孩子离开身边给她带来的巨大痛苦——而且这种痛苦一辈子都没有停止过。在她的书和故事中，她回到了童年时代，那时她的生活很愉快。她成功地在童书里塑造了很多形象——顽

---

① 蜚声世界的瑞典儿童文学作家，著有《长袜子皮皮》和《小飞人》等多部儿童畅销书。她曾于 1958 年获得国际安徒生奖，其主要作品早在 20 世纪 80 年代初就已在中国小读者中广为流传。——译者注

皮的米歇尔，叛逆的皮皮，屋顶上顽固的卡尔森，固执而敏感的玛蒂塔……这些形象重现了她强烈的情感。这些孩子的故事和他们强烈而深刻的感情显得如此真实，如此深刻。林德格伦的书成为畅销书，她成为世界上最受欢迎的童书作家之一。她后来告诉我们，如果可以，她愿永远记得自己快乐的童年，尤其是自由自在的生活和父母彼此之间的爱以及父母对孩子的爱。

告别幻想中的孩子

当父母期望有个孩子的时候，他们就会在心里"画"一张孩子的照片。他们想知道会得到一个男孩还是女孩，孩子有金色还是棕色的头发，以及看起来可能会像谁。很多人都抱着美好的期待（我们的孩子从一开始就睡在自己的床上）想象一下孩子对父母会怎么样（充满爱意但简单明了）。最重要的是，他们想象自己期待的某些情况：宝宝第一次在婴儿车里骄傲地跳起来；亲吻他，拥抱他，和他一起唱歌、一起玩耍；喂他第一口自己煮的粥；摆弄可爱的女儿或俊俏的儿子，逛商店，喂鸭子；编辫子，买衣服，盖树屋，爬山；第一次度假，上学的第一天；把对生活的回忆和快乐地笑着的孩子一起，记录在美好的照片上。

有些父母会梦想成真。还有一些父母不得不和他们想象中的孩子和家庭生活说再见。因为宝宝讨厌婴儿车，只对父母胳膊感到满意；因为宝宝不想亲吻和抱抱，也不吃花了很多心思煮的粥；因为变化太难了，第一次带宝宝去海边度假就感到有压力。对于许多情绪化儿童的父母来说，这往往是最难做的事情：放弃那些从未存在过的梦中孩子的形象，那些在他们心中已经有了如此稳固地位的孩子。相反，无条件地去爱和接受他们实际的孩子。这听起来很合乎逻辑，也很容易——但往往很难做到。毕竟，对于情绪化儿童来说，不仅仅是婴儿时期的事情与父母预期的不一样，在此后成长的岁月里很多事情都是父母始料未及的。对于局外人来说，常常很难想象到，如果父母没有一张每个人都微笑的家庭照片，是一件多么糟糕的事。"这就只是一张照片而已，无所谓的。"他们会说。但这当然不仅仅只是一张照片，而是一种告别——告别在厨房餐桌上做手工的下午，因为孩子既不能安静地站着，也不能耐心地去剪切或黏合任何东西；告别梳辫子，因为梳辫子的时候孩子无法忍受头发被扯的感觉；告别孩子生日的敲锅游戏①，因为他们肯定会以神经彻底崩溃而告终，等等。

对这些父母来说，与其努力消除这些糟糕的情绪，还不如允许自己因为他们从未有过梦想中的孩子而悲伤。

○ 允许失望。
○ 有时告诉自己这种情况会消失，是正常的。
○ 怀有一定的愿望和希望是可以理解的。
○ 嫉妒其他父母所谓的梦想中的孩子是很自然的事。
○ 所有这些感觉与我们自己的孩子无关。
○ 孩子与父母预期的有所不同是正常的。
○ 这不是我们想象中的孩子。
○ 一切都是对的。

为了让梦想中的孩子与我们实际的孩子建立一种可持续的、充满爱的关系，不要妨碍他们，重要的是要意识到自己的感受，不要压制或谴责他们，而是让他们脱离与我们梦想中的孩子的联系。父母应在内心安慰自己，这个孩子并没有让我们失望——我

---

① 德国小孩过生日的传统游戏。——译者注

们自己的期望已经达到了。当我们放弃梦想中的他们，让他们离开我们的大脑的时候，我们的心中才会腾出空间来容纳我们自己的孩子，与自己的孩子共同感受幸福，这不是一个美好的梦想，而是一个需要正视的现实。

给情绪化儿童家长的 5 条重要信息：

1. 你并不孤单！

2. 你不应该受到责备！

3. 你的孩子不应该受到责备！

4. 与众不同是正常的！

5. 情绪化的孩子和家庭的幸福不是互相矛盾的！

从一开始一切就有所不同

情绪化儿童与他们的同龄人往往在婴儿时期就有所不同：他们特别敏感，因此比其他新生儿更容易过度劳累、哭泣和尖叫，很难入睡，更不喜欢父母离开他们。他们总是喜欢躺在父母怀里，但他们却有惊人的警觉性、专注力和机动性，心理非常容易受到伤害，思想也特别活跃。

拥有这样一个高需求的婴儿无疑比从生下宝宝起就拥有一个普通婴儿更让人精疲力竭。

由于他们天生对所有外部刺激都很敏感，这些婴儿明显需要更多父母的陪伴和亲密关系，他们几乎无法让自己的父母从他们的出生中解脱出来。通常只有三种情况能让情绪化宝宝感觉良好：被爸爸妈妈抱在怀里的时候，在婴儿床上，和妈妈爸爸躺在大床上。

徒劳抵抗

许多父母发现从一开始就很难接受自己的情绪化宝宝。他们认为，"如果我们保持前后一致性，宝宝很快就会习惯于自己满足自己。"或者说"如果我们总是抱着他，宝宝就会习惯一直被抱着，愈发'变本加厉'。"这种想法在德国社会中仍然非常普遍，因为几十年来父母、祖父母和曾祖父母们都觉得它最有效。自德意志帝国成立的一百多年来，育儿咨询师和医生就一直建议年轻的父母不要过分亲近和宠溺新生儿。从那时起，坚韧和无条件的服从就是最高的教育目标，并在纳粹时期达到高潮，德国医生约翰娜·哈雷尔[1]和其他育儿咨询师对年轻母亲开展大规模的启蒙，不能给新生儿太多的温存，要让他们有足够的哭叫，以此锻炼其肺活量和坚强的性格。

现在我们知道，为了宝宝的身心健康，他们需要恰恰相反的做法。当父母敏感地回应他们的信号，可靠而迅速地满足他们的需求时，宝宝就能够与父母建立一种稳定的基本信任的联系，这将让他们受益一生。或许，对于父母本不喜爱的麻烦宝宝来说，用太多的爱和亲密来宠溺他们是不可能的，对那些并不满足于妈妈的乳汁和爸爸的拥抱的宝宝而言也是如此。

当然，即使是这些婴儿也会习惯于他们的强烈需求得不到满足，当他们哭的时候不被安慰，当他们哭的时候没有母乳喂养。有些时候，所有的婴儿都不哭了——不是因为他们学会了自己平静下来，而是因为他们已经心灰意冷了。我们中有成千上万人都是这么长大的，这并不意味着他们没有遭受过精神伤害。我们人类往往具有惊人的耐力和弹性，但这是否就意味着可以这么对待婴儿呢？从发展心理学的角度来看，或者说从道德的角度来看，答案是否定的，并不应该这样做。任何人都不应该被否认他的基本需要，即使是小的需求。

因此，陪伴对亲密关系有特别需要的婴儿有一个最简单也是最困难的方法，那就是走阻力最小的路。别想着改变这个小家

---

[1] Johanna Haarer，哈雷尔著有纳粹时期非常流行的一本育儿手册《德意志的母亲与其第一个孩子》。——译者注

伙，而是去接受他。尽所能满足他的所有需要，而不用担心做得太多——不能抱得太多，不能有太多母乳喂养，不能亲得太多，也不能安抚得太多。爱的需求没有上限，尤其是对情绪化儿童而言。

倾听哭泣的宝宝

我们的祖父母照顾孩子时非常清楚：婴儿在哭。他们就是在哭，没有什么理由。在他们这一代人眼中，偶尔甚至持续的婴儿哭声被认为是不可避免的"背景噪声"。现在我们知道：婴儿不只是哭，他们的哭总是有原因的。一方面，这种认知让父母的生活更简单，因为在他们的头脑中有了这个解释，他们就跟随着自己的冲动去抚养哭泣的孩子；另一方面，很多父母了解到每一次哭泣背后都有一种没被满足的需要，就觉得抚养孩子的日常生活非常困难。这意味着当孩子一直在哭的时候，父母做错了吗？

不，因为事实上，当父母对孩子的信号敏感、亲切又及时地做出反应时，婴儿平均哭得更少。但这条规则有一个例外，即情绪化婴儿。行为生物学家约阿希姆·本塞尔（Joachim Bensel）在其著名的弗莱堡婴儿研究中发现，充满爱意的护理实践，如按需母乳喂养、抱在怀里以及一起睡在家庭床上等，大大减少了几乎所有婴儿的哭泣时间。然而，在一个小组中这种行为却没有显著减少和降低婴儿哭声的持续时间和强度——而那些婴儿在一开始时就比他们的同龄人哭叫得更多。

对情绪化儿童的父母来说这意味着：努力理解自己孩子的需求很好，也很重要。但是当其他父母有机会在孩子不哭闹的情况下过日常生活的时候，对于情绪化婴儿的父母来说，大多数情况下这不是一个现实的目标。因为哭不仅仅是想吸引你的注意，它也是一种有效减轻压力的工具。情绪化宝宝从出生起就对这个世界更敏感，他们比其他孩子更需要以某种方式释放并摆脱刺激和压力，在婴儿时期他们采用的方法往往是大声尖叫。

因此，当情绪化儿童的父母告别"孩子满意父母就称职"或"好的父母总能安慰自己的孩子"的想法时，他们会感到很高兴。因为事实是：所有让婴儿平静下来的尝试，所有的唱歌、摇摇鼓的声音和蹦蹦跳跳，所有的手机视频和其他转移注意力的动作，最终只会让这个过度兴奋的孩子感到被这个世界过分要求——即使这可能暂时停止他们的哭闹。

所以，在面对爱哭的婴儿时，最有效和最有回报的策略就是耐心满足他们的所有需要——包括允许他们在妈妈或爸爸的怀里哭泣。爸爸妈妈把他们哭着的孩子静静地抱在怀里，听他说话，和他安静地交谈，静静等他不哭。我们要做的不是让宝宝保持冷静，我们的任务就是待在那里陪着他们。如果父母能够参与其中，一些令人惊奇的事情就会经常发生：婴儿哭喊着，就好像是疯了似的，但慢慢地就平静下来，开始寻求眼神交流，好像在说："谢谢你在看我，听我说话！"于是，他们的抽泣声会越来越小，慢慢就睡着了。

以这种方式陪伴哭闹的婴儿，以减轻他们的压力，意味着父母要付出巨大的情感努力。当自己的孩子哭闹的时候，好妈妈和好爸爸就必须做些什么，这通常是父母心中根深蒂固的想法。这有助于许多人接受积极倾听也是一种活动——即使它看起来像是什么都没做。孩子在他们的怀里绝望地尖叫，以至于父母觉得孩子根本不在乎他们是否存在，"只要一把他放在摇篮里，他就会哭闹"。更重要的是，父母知道：一个孩子是独自哭闹还是在父母怀里哭闹，对他的身心都有很大的影响。

尽管看起来可能有所不同，但独自哭到疲乏后被父母抱在怀里的宝宝，与跟父母没有一点肢体接触的宝宝相比，前者的压力会减轻一半。在爸爸妈妈的怀里哭最终会减轻压力，而独处会显著增加哭泣的孩子的压力水平。一个独自哭泣并最终停止哭泣的婴儿已经心灰意冷了。而一个躺在妈妈或爸爸怀里哭的宝宝却知道，面对压力和痛苦他永远不会孤单。有一个地方永远向他敞开怀抱，供他躲藏，用光明和美丽包容他强烈而黑暗的情绪。

情绪化宝宝的挑战

陪伴情绪化宝宝是一种让人非常紧张的体验。很少有骄傲和快乐，也很少不精疲力竭。因为与这样的孩子在一起，每天都像在冒险。他们不愿只是走在我们旁边，而是要在每一刻都烙上自己的印记。他们打扰妈妈做产后修复运动，因为在妈妈做运动时他们不想躺在那里。婴儿在 8 周大时开始翻身，在 5 个月大时开始爬行，因为他们总是在活动，而且不愿意停下来。情绪化宝宝常常给母亲一种她们绝对不可替代的感觉，这种感觉既能让人感到受宠若惊，又极具挑战性。他们对母亲身体接触的需求几乎是无限的，对母乳的需求也经常如此。他们兴奋的笑声，以及他们与父母相互嬉戏和玩耍的绝大多数快乐是不可替代的，但是在他们的"操作系统"中很少允许父母能容易地自行休息。情绪化宝宝是阻断计划者。我们想象的宝宝是这样的：中午在露台的婴儿车上小睡，一岁以后把他们送到日托，偶尔在奶奶家住一晚。但是，他们给我们一种强烈的被需要的感觉，让我们只能在与之抗争或接受他们的与众不同之间做出选择。

别人家的宝宝

对于情绪化儿童的父母来说，社区里的 Krabbelgrupp 亲子活动①和婴儿课程一点也不简单。因为，虽然大多数父母都能在日常生活中很好地照顾自己的孩子，但在这种环境中，几乎不可避免地会拿几个年龄相仿的孩子与自己的孩子进行比较。对于情绪化婴儿的父母来说，这常常是一个现实冲击：他们与其他家庭直接接触后才意识到自己的孩子有多不同，他们在日常生活有多疲惫。有的宝宝躺在游戏垫上自己玩得很开心，有的宝宝喜欢在婴儿车里跳，有的宝宝一次就能睡上几个小时，有的宝宝喜欢和邻居宝宝一起玩，有的宝宝在 6 个月大的时候就自己用汤匙喝粥，有的宝宝你可以带着去参加城市庆典活动，有的宝宝几乎不哭……

情绪化儿童的父母因为这种遭遇而嫉妒和自我怀疑，这是完全可以理解的。别人家的孩子怎么这么好带呢？也许是因为我们对孩子要求太多？我们是不是太懒、太软弱了？

事实上答案是婴儿都是不一样的。这是进化的基本原则。多样性是我们人类的优点。我们有一个情绪化儿童，这无疑会耗费很多力气，带给我们特殊的挑战，特别是当我们的宝宝还很小、很需要我们的时候。然而，这也给我们提供了一个机会——陪伴

---

① Krabbelgruppe 亲子活动，指德国社区为有 6 个月到 3 岁的儿童家庭提供的亲子活动，通常由一个专业老师带领，妈妈或爸爸带着孩子参加，被称为德国妈妈生完孩子后的第一个"妈妈社交圈"。——译者注

一个非常敏感、聪明、有创造力、精力充沛又有爱心的小孩长大。我们要做的第一步就是相信他。在他身上也有长大独立的愿望，就像在所有其他人身上一样。他只是需要走另外一条路，为此他需要一套不同的"设备"。最重要的是，他需要温暖的家和飞翔的翅膀。所以，让我们不要再和其他父母比较了，把注意力全部集中在我们和我们的孩子身上。让我们为孩子指引方向，不管是睡觉、吃饭还是在路上。这会确切地向我们展示，孩子的幸福和健康成长需要什么——多少亲密和距离，多少牛奶和胡萝卜，多少婴儿背带和婴儿车。满足孩子的一切愿望是不可能的！因为总要中断母乳喂养，也总有无法母乳喂养的妈妈。

　　对爱有特别需求的宝宝能把我们最好和最坏的一面展现出来。

——美国儿科医生威廉·西尔斯

走出家门

情绪化儿童的父母通常倾向于待在家里与世隔绝——因为他们受够了社区亲子互动活动上的比较，他们感到羞耻，因为他们的孩子没有其他孩子那样安静和容易照顾，又或者仅仅是因为他们的日常生活太累了，以致他们无法走出家门。许多父母和子女希望生活在一个平行世界里，在这个世界里，一切都是为孩子量身定做的：他们可以在疲倦的时候睡觉，可以在开心的时候拥抱，没有人拿走他们的积木或拍他们的脑袋。当然，对父母和孩子来说，这先给他们带来了解脱，但从长远来看，也是非常孤独的。

此外，虽然对于幼儿来说，拥有能够完全参与以及满足他们需求的父母非常好，这确实保护了他们的成长，但他们也会遇到与他们完全不同的人。因为，我们父母不能教给孩子和同龄人交朋友的能力。为此，孩子们需要与其他孩子相处。因此，有必要寻找与其他家庭共度时光的机会——如果可能的话，在一个与孩子性格相匹配的环境中。如果"小旋风"退出了音乐协会，也许一个体操小组才适合他；如果小家伙在婴儿游泳室只是哭，那他可能需要再多参加几次社区的亲子互动活动。情绪化宝宝的父母可以加入母乳喂养小组，参加为有依恋倾向婴儿特别准备的课程，如新手父母育儿简单入门课程等。

如果我早知道该多好

许多父母在孩子出生后很长一段时间内都不了解"情绪化儿童"的概念。他们试图理解为什么他们的幼儿园或学校的孩子如此不同，然后突然意识到：我的孩子一直都是这样的！这种认识往往是非常痛苦的，尤其是当父母回想起来，他们非常期待自己的孩子是一个婴儿，因为他们相信婴儿必须学会一些东西：睡在自己的床上，而不是一直喝奶，有时会待在父母以外的地方。然后了解到，特别是对于情绪化的婴儿来说，他们的需要没有被忽视是多么重要，否则爸爸妈妈常常会内疚：如果我们早知道就好了，这样可能会有什么不同的做法！

对这些父母来说，很重要的一点是要弄清楚：情绪化儿童特别敏感。尽管如此，他们也被赋予了内在的弹性，即所谓的弹性。这种弹性确保了他们不会在次优体验中打破平衡，而是有内在的力量继续为他们的需求挺身而出，即使他们从一开始就没有被看到和满足。

婴儿时期的需求得不到充分满足这一事实并不会简单地消失，而是在他们长大以后还会出现。因为如果3岁的孩子突然想跟父母一起睡，4岁的孩子又重新回到了婴儿时代、不得不经常被爸爸妈妈抱着，或者8岁的孩子突然像个蹒跚学步的孩子一样发脾气，所有这些行为不同于婴儿时期的反应，意味着孩子有因我们当时缺乏相应知识而未被满足的需求。所以，乍一看，也许是困难的，但孩子重新陷入幼稚的行为中，给我们的父母带来了一个绝对令人鼓舞的信息：建立联系永远不会太迟！当我们了解我们的孩子并参与他们的情感和经验世界时，旧的伤口可以愈合，未满足的需求仍然可以在婴儿期后很长时间内得到满足。因此，我们的父母不应该用自责和内疚来折磨自己，而应该把我们的注意力转移到我们今天和现在能做的事情上，以确保情绪化儿童感到被无条件地接受和爱。

在你知道更好的方法前尽你所能，在你知道更好的方法后，再做得更好。

——美国作家、公民权维护者玛雅·安吉罗

第三章

我的孩子与我：情绪化儿童的真实家长

小心问题解决得太快

如果你家有一个小孩，他总是情绪激动，几乎无法控制自己的愤怒，让整个家庭都为他发疯，那么你通常要寻找一个快速又简单的方法解决这个问题。为了控制一个超级累人的孩子，是不是必须拥有某种教育技巧？好吧，让我们这么说吧，有不少育儿顾问和由行为疗法发展而来的培训计划许诺给出快速的问题解决方案，他们都是基于相同的基本假设：孩子们可以像马戏团里的马一样被驯服，做出"好"和"对"的行为。这些看上去显而易见的有效原则是驯服动物的原则：好的行为得到奖励，不好的行为受到惩罚。一个典型的例子就是"标签图表"，孩子每做出某个应该做的行为，就会在图表中被贴上一个标签。也就是说，没有贴标签是因为没有做出正确的行为。

一些针对"难缠儿童"的教育计划，如澳大利亚开发的"父母积极教养课程(Positive Parenting Program)"，也被称为"3P课程"，鼓励家长用所谓的"自然后果"来处理孩子的"不当行为"。与真正的自然结果不同（例如"如果我在下雨时不带雨伞也不戴帽子出门，我就会被淋湿"），在这个课程中，家长某些行为的后果甚至也被提及——例如"暂停"（通常被称为"安静的椅子""安静的楼梯"或类似的叫法），在这种情况下，孩子必须独自在某个地方待上几分钟。实施这项措施的明确目标是让孩子感到不舒服——他们今后应做出改变。这正是惩罚孩子的目的，应该让他们感到害怕，应该停止不必要的行为。

　　"难缠儿童"教育计划的倡导者自然会吹嘘他们的方法有多快和多么有效。事实上，现在有成千上万的案例研究表明，不守规矩的孩子都可以用"胡萝卜加大棒"的方法管教，至少在短期内是这样。但是，这样做的代价是什么？

○ 父母对孩子指出他们哪里做得不对，他们必须像坏了的收音机一样被改造或修理。

○ 孩子学会抑制不想要的情绪，以免受到惩罚。

○ 孩子把父母视为检察官、法官和行政人员。

○ 孩子有在极度痛苦和情绪超负荷的时刻独处的经历，因此他们学会了在他人的陪伴下让自己平静下来。

○ 孩子知道自己要为所有困难的情绪和行为负责，只要给他们施加足够的压力，他们就能做出被期待做出的事情。

　　疲惫又绝望的父母在教育咨询中心、咨询文献或儿童心理学实践中寻求帮助和支持，这是完全可以理解的。但是，在你决定加入这样的教育计划之前，应该好好问一问自己：

○ 这些方法对我和孩子有什么影响？

○ 在这些方法中我的角色是什么？我是否想拥有这个角色？

○ 这些方法给孩子传达了什么信息，与我想传达给他的信息是否相符？

　　父母明白这一点尤为重要：他们之所以想到了这样的方法，表明他们所承受的压力非常大，每天和孩子在一起让他们已经达到了极限，而且经常超负荷。当然，在这样极端的情况下，你会紧紧抓住每根稻草，尤其是当这根稻草可能会让你的家庭生活恢复正常时。

如果一旦我们"买"了一种方法，并把它作为解决我们问题的唯一可能方法时，我们应该特别警惕，因为我们的世界并不是这样运作的。在孩子的每一个困难行为或压力行为背后，都有各种各样的原因。这样"一刀切"的方法会让所有这些因素瞬间消失？不，它只能做表面文章，并让孩子因为害怕后果而尽可能抑制他对这些压力源的所有情绪反应。

放弃这种情绪勒索并不意味对孩子的情绪化袖手旁观。相反，我们的任务是不让孩子独自面对他们的情绪化，而是与他们一起寻找应对情绪化的方法。

情绪化名人：托马斯·爱迪生（Thomas Edison）

"又懒又古怪"——这是老师和校长用来形容小爱迪生的话。因为这个小男孩总是烦躁不安，好奇心强，性格执拗。爱迪生在的这所小学里有 38 个年龄不同的学生，教室里吵吵闹闹，他却不断向老师提问题，这让他的老师非常恼火："一个难缠的小孩不值得在这里接受进一步的教育"。在他入学 12 周以后，老师给出的这一严厉评语让当时才 7 岁的爱迪生深受伤害，他流着泪跑回家。爱迪生的妈妈是一名有专业素养的老师，她对这个评语不以为然。她带着爱迪生回到了学校，并严厉批评了爱迪生的老师，说老师不知道爱迪生比老师自己聪明，总有一天，全世界都会看到她的爱迪生是多么聪明的。从那时起，爱迪生的妈妈开始在家里教儿子。爱迪生的兴趣广泛，他对诗歌和科学都很感兴趣。12 岁时他就创办了自己的第一份小报纸，15 岁时他学会了打电报，20 岁出头他辞掉了办公室的工作，成了一名发明家，拥有1 000 多项专利，这当然包括著名的爱迪生碳丝灯泡。当他被问及成功的秘诀时，爱迪生说是母亲对他坚定不移的信念驱使着他一步一步走向成功。

我是谁，你又是谁

在做出改变之前先要去理解——这个简单的公式其实蕴藏着成功亲子关系的秘诀。这一点尤其适用于情绪化儿童的父母：只有当我们了解孩子的情绪化是怎么回事儿时，才会真正理解他们——这非常重要！如果我们理解了，就可以让家庭生活做出积极的转变。

这是因为我们只有在正确感知的情况下才能做出适当的行为。在正常的家庭生活中，情况却往往不是这样。

"现在他又开始发狂了，不想穿袜子了！如果我们现在就让他穿袜子，他甚至连衣服都不穿了！"父母经常因此而恼火，因为他们觉得孩子这些恼人的、完全不必要的滑稽动作必须要结束。让我们看看，如果我们遵循两个原则会发生什么：

○ 每个人都有行动的理由，即使它并不总是显而易见的。
○ 我们每一个暴力的情绪反应都有其根源，不是来自于我们的对手，而是来自于我们自己。

一个拒绝穿袜子的小男孩，他一定有这样做的理由，即使我们看不到他的原因。由于他的特殊敏感性，他比其他人更能感知皮肤上的每一种刺激。在过去几个星期里，他总感觉到袜子会让他不舒服：可能袜口需要剪一剪，脚趾头那里有点紧，袜子用烘干机烘干以后会起小绒球，穿上后压在脚底板下不舒服。小男孩对这些并不是很清楚，他现在只觉得内心深处不愿意穿袜子。同时，所有的孩子都有一个愿望：与父母合作，并让他们快乐。事实上，他认为没有办法调和这两种需求——既不穿袜子也不要让爸爸妈妈失望——这让他感到有压力。而大脑对压力的反应非常敏感，他很快就会发现自己正处于一种情绪高度紧张的崩溃之中，这样的表现就是绝望的尖叫和哭闹。在这种状态下，他既不能冷静思考，也不能表达出他现在需要什么。在这种完全供过于求的状态下，他唯一能说的就是："不，不，不，不！"

读到这里，你会为这个可怜的小家伙感到难过吗？让我们保持这种同情心，再来仔细看看这个小男孩妈妈的经历：

她总睡不好，因为孩子在夜里醒了好多次。她今天白天还有很多事要做。她现在已经害怕在即将到来的周末和婆婆一起吃早饭了，那时她肯定会再次听到她嫂子又在夸自己的孩子，在这种情况下她会保持坚强，忍住不哭，这都是为了她儿子——就像她为他做的其他一切事情一样：她已经退掉了他的音乐课，自从他一直在课上哭之后；至于衣服，她也一直迁就他，她把自己亲手给孩子织的扎人的毛线衫扔掉了（她嫂子一定不会知道！）；她又给他买了 3 条他最喜欢的裤子，这样他就不必在裤子扔进洗衣机的时候哭了。她的丈夫已经开始翻白眼："一直这么做什么时候是个头？这条裤子有什么不一样吗？"她一如既往地保护着她的孩子。她说，他很敏感，他不会利用我的妥协。但现在，当他突然拒绝穿袜子时，她就开始问自己：到底怎么了？

可怜的妈妈！还有那个可怜的孩子！对吧？其实，他们俩都不想惹对方不开心。他们俩都以自己的方式努力让对方快乐。但是他们现在还做不到，因为他们都在和自己心中的小恶魔战斗。出路在哪里，什么时候才能走出压力的魔咒，跳出战斗模式，转而进入良好的关系模式？

我们最终会找到什么解决方案，已经不再重要。也许孩子可以先不穿袜子，而是穿上暖和的鞋子出门。或者我们能找到一双让他感觉还不错的袜子——也许把袜子放在暖气上烤一会儿，穿起来就舒服了？或者我们可以给他换一双柔软舒适的拖鞋。

关键是我们对孩子和我们自己抱以理解，即使我们真的不理解问题是什么，也要带着最好的意图。

- 每个人都有理由按自己的方式行事。
- 每个人都有理由去感受他们的感受。
- 这与原则无关，而是与我们如何对待彼此有关。

我们一直在努力改变我们最爱的人，如果没有做到，就会产生摩擦和冲突，但人是很难改变的。人类关系中最大的悲剧之一就是相信我们可以凭借自己的小小的意志力来强行改变他人。我们不能那么做。

——玛丽·谢迪·柯辛卡

对每个年龄段的孩子我们可以期待什么

当我们的孩子早晨穿衣服不老实时，或者晚上躺在床上朝我们大喊大叫说他不想睡觉时，或者突然拿着一小块乐高玩具往他妹妹头上弹了一下时，我们经常会有这样的感觉：不知所措。

让我们想象一下，如果是一个宝宝这么做，我们的想法就完全不同了：可怜的小家伙什么也干不了！他还那么小，他甚至不知道自己在做什么！

我们对情绪化儿童一次又一次失去耐心的主要原因不在于他们本身的行为，而是在于我们自己的期望——对这个年龄段的孩子能做什么的期望。

同时，父母往往高估孩子的社交能力和情感能力，相信他们的动机与他们的发展相去甚远。

尽管情绪化儿童天生很有同情心，对他人的感情也有很好的感应，但他们和其他孩子一样，很小的时候做事几乎不去考虑别人的态度。因为他们缺乏换位思考的能力，而这种能力在5~9岁之间才能发展。这意味着，他们可以感受到我们的所作所为，但无法预见我们所期待的和会使我们恼火的事情，而且他们很难理解，同样一件事对你来说可能感觉很棒，对另一个人来说可能很糟糕。具体来说，这意味着，直到进入小学阶段，他们才能非常有限地考虑到周围的人，因为他们慢慢才能养成从不同视角对自己行为进行阐明和反思的能力。然而，这种换位思考是获得冲动控制的基本前提，也就是在感觉和行动之间加入一个思考的停顿。

对于情绪化儿童来说更难的是，尽管他们已经很大了，但在情绪紧张的情况下，他们仍会退回到幼儿的发展水平。因此，即使是 10 岁的孩子也可能理解非暴力原则——但在发脾气的时候，这些原则不再对他们有用，也不再能控制他们的冲动。他们的尖叫、乱捶乱打来自如此绝望的压力状态，以至于所学的一切都暂时消失了。

因此，与其对孩子感到不满，我们不妨将期望调整到现实的水平。是的，孩子可以而且应该学会公平和体贴地对待他人。是的，人们用言语发泄愤怒是可以的，但不能用拳头和咆哮。然而，在紧急情况下，指责已经无济于事了。

孩子现在需要的是，恢复过度兴奋的神经系统和深呼吸。这需要陪伴而非指责，需要理解而非责备，需要爱而非拒绝。因为学习自我调节是一个成熟过程，不会因为压力加大而加速，反而会减速或完全停下。另一方面，如果我们根据孩子的实际发展状况调整我们的期望，就会有所突破。

情绪化名人：阿尔伯特·爱因斯坦（Albert Einstein）

爱因斯坦小时候被认为是个奇怪的男孩。因为他两岁时还不会说话，家里的女仆认为他是个傻子。爱因斯坦 3 岁的时候才开始说话，一开口说话就是完整的句子。爱因斯坦不喜欢和同龄的其他小男孩一起玩，他更喜欢自己待在家里玩拼图游戏，用积木搭复杂的房子。

爱因斯坦不喜欢上学，他对德意志帝国时期严格的学校制度深感不满，因为这种制度是建立在训练和无条件服从的基础上的。他想自己思考，提出批判性的问题，因此在老师眼中，他不是一个好学生。他脾气很暴躁，他十几岁的时候经常和老师争吵，甚至和校长争吵。最终，他还没毕业就离开了学校。后来，爱因斯坦以最高分从瑞士的一所高中毕业了。然而，上大学时，他学习数学和物理，从他的课堂表现来看仅是一个中等生。爱因斯坦勉强拿到大学毕业证后，工作找得也相当不顺。只有在晚年提出相对论并成为一个理论物理学家时，他的非凡才能才得到认可。在爱因斯坦的一生中，他一直保留着批判性的、不守规矩的精神。在他去世前不久，这位诺贝尔物理学奖获得者还签署了《罗素－爱因斯坦宣言》（*Russell - Einstein Manifesto*），在该宣言中，他与另外 10 位科学家（均为诺贝尔奖得主）联合起来，呼吁解决国际冲突，促进世界和平。

用性格测量表确定共性和个性

让我们再看看第一章列出的情绪化儿童的 8 个典型特征。在我们的孩子身上，哪一个特质显现得尤其强烈？同时也可以对照我们自己看看。

在性格测量表上，这些性格从"极弱"到"极强"，程度分别对应 1~10 分。现在，让我们试着找出我们的孩子在量表中所处的位置。他非常敏感，10 分。他总是精力充沛地应对变化，1 分。这样就可以逐步创建孩子的完整性格形象。然后，再给自己做一个这样的性格测试吧——这次是关于你自己：你的敏感度对应表中 1~10 分的哪个位置？

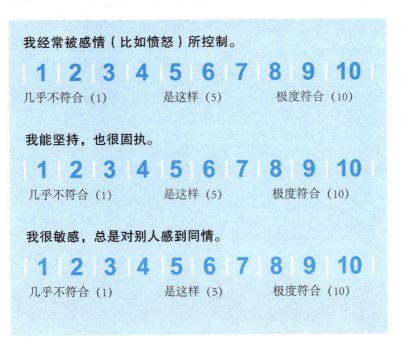

我常常受不了大声的噪音和其他强烈的感官印象。

1 2 3 4 5 6 7 8 9 10

几乎不符合（1）　　　是这样（5）　　　极度符合（10）

我很难有惊喜和变化。

1 2 3 4 5 6 7 8 9 10

几乎不符合（1）　　　是这样（5）　　　极度符合（10）

规律性和结构对我来说非常重要。

1 2 3 4 5 6 7 8 9 10

几乎不符合（1）　　　是这样（5）　　　极度符合（10）

我有多动的欲望，总是安静不下来。

1 2 3 4 5 6 7 8 9 10

几乎不符合（1）　　　是这样（5）　　　极度符合（10）

我是一个倾向于悲观的爱思考的人。

1 2 3 4 5 6 7 8 9 10

几乎不符合（1）　　　是这样（5）　　　极度符合（10）

以这种方式思考个人性格的异同，对许多父母来说是大开眼界的。在性格量表上找出我们父母（还有我们情绪化儿童的祖父母或兄弟姐妹）所处的位置，可以使我们的家庭生活变得容易些。因为家庭生活和平的关键不仅在于意识上非常相似，还在于性格上非常不同。

对于表中的大多数问题，你会把自己放在 1~4 之间吗？那么你属于调节能力强的家长——正好与你的情绪化儿童相反！

对于表中的大多数问题，你是不是都处于量表的中间位置？那么你属于情绪丰富的家长——情绪会上下波动，但同时也具有较高的自我调节能力。

如果你的大多数答案都在 8、9 和 10 分上，那么你自己就是一个情绪化的人，即使在你自己的童年，这种特质展现得很少。

当调节能力强的家长遇到情绪化儿童

每个人对周围的世界都有不同的看法。当一个家庭中既有情绪化的人也有自制力强的人时，这一点就变得尤为明显：他们可以分享同样的日常生活，但他们会有完全不同的体验。当然，这经常会导致不理解和冲突。因为情感生活非常平衡的人无法感同身受这种极端的情绪云霄飞车般的生活，这对于情绪化的人来说却是正常的。这并不意味着，那些情绪调节能力强的人没有同情心，而是因为他们大多有自己的处理方式。

孩子手里的冰淇淋掉在地上了，一个普通妈妈可能会设身处地地为他着想而感到悲伤。她当然知道这种悲伤的感觉，就好像你有什么东西碎了或丢了一样。但是，她不会知道一个情绪化儿童此刻可能正在经历的悲伤和绝望的程度。根据她的经验，在这种情况下，大脑的理性部分很快就占了主导地位，并自我安慰："这又不是世界末日，只是一个冰淇淋而已。"所以，她想要用这些话安慰孩子是可以理解的。在这个孩子的大脑中现在却发生了完全不同的情况：理性的部分已经从压力中释放出来，情感中心向脑干发出"紧急情况"的讯号，迷走神经切换至"灾难模式"，孩子的身体开始颤抖。解释远远无法到达孩子兴奋的神经系统，帮助孩子度过危机模式的只能是理解、耐心和抚慰。

但是，对于许多父母来说，让他们感到害怕的是："如果我不能对孩子的情感生活抱有同感，我该如何理解他？"实际上，这恰恰是一个很好的机会。因为情绪调节能力强的父母拥有理性的大脑，即使在危机的情况下，他们仍可以理解和同情情绪化儿童。冷静和谨慎是情绪调节能力强的父母的优势。与其徒劳地去感受孩子情绪爆发的原因，调节能力强的父母还不如承认情绪化儿童的大脑构造显然与他们不同。情绪化儿童更容易陷入一种危机模式，在这种模式中，情绪化儿童尤其需要父母的陪伴，父母需要像记住烹饪食谱一样记住这些定律：

- 保持安静
- 待在那里
- 不解释
- 不拒绝
- 不表达情感
- 不评价情感
- 表现出理解

- 有耐心
- 保持爱意
- 提供安慰
- 身体接触
- 呼吸
- 等待风暴过去

对情绪调节能力强的父母来说，用这种强调理性的方式来处理孩子情绪的方式，不仅对孩子的情感爆发危机有帮助，而且对日常生活也有帮助。与其因为孩子比自己复杂得多的情绪而心烦意乱（例如"我尝不出这两种面条的区别，这是你想象出来的！"），还不如接受事实，告诉自己只需要接受，没有必要理解其原因。

- 你的孩子挑食吗？原本就是这样。
- 他只穿某几件衣服吗？原本就是这样。
- 他只想邀请两个朋友来参加自己的生日聚会吗？原本就是这样。

我们不必全都理解。我们只要接受就行了。我们有我们看待世界的方式，孩子们也有他们看待世界的方式。没有好坏，也不分对错。这与谁有道理也无关。这仅仅关乎我们如何对待彼此。

当情感丰富的家长遇到情绪化儿童

虽然调节能力强的父母往往很快意识到自己的孩子多么与众不同，但情感丰富的父母常常会遇到这样的问题：他们认为自己与孩子有着非常接近的情感体验，但他们仍然不理解孩子！"我自己也是一个很敏感的人——但我不想因此大惊小怪！"——许多情感丰富的父母都有这样的想法。这在某种程度上是我们的优点，我们情感丰富，但却是适度的。相反，我们很快将夸张的情感表达与自私和缺乏自律联系起来："她可能会尽力控制自己，毕竟她不是世界上唯一一个这样的人！"

情感丰富的父母处理情绪化儿童的事情时，多少会有点坐立不安。一方面，他们能够完全感同身受情绪化儿童强烈的情感生活，并对此表示理解；另一方面，他们习惯于在困难的情况下至少对情绪有一些控制。所以，你的情感丰富是不是对孩子来说也是一种挑战？

情感丰富的父母能更好地理解和陪伴他们的情绪化儿童，因为这结合了他们的两大优势：他们有聪明的头脑和强大的内心。换言之，他们可以设身处地为情绪化儿童着想，并意识到孩子的每一种情感体验都比自己强一百倍。

○ 每只灯泡都是聚光灯。
○ 每一个声音都是巨响。
○ 每一份快乐都是亢奋。

○ 每一种害怕都会恐慌。
○ 每一种悲伤都是最深的绝望。

事实上，情绪化儿童并不像我们那样善于处理自己的感情，不是因为他们缺乏意志力，而是因为他们无法用我们现有的自我调节能力来控制他们压倒性的情绪。但这并不意味着永远会这样：每次我们安慰和陪伴情绪化儿童时，我们都会帮助他们加强自我调节能力，帮助他们更好地处理自己强烈的情绪。

当情绪化家长遇到情绪化儿童

物以类聚，人以群分，但对于情绪化儿童的父母和孩子来说，这是有条件的。虽然在压力和危机情况下，调节能力强的父母和情感丰富的父母仍然可以依靠他们的理性来渡过难关，但情绪化父母和他们的孩子一样，也会受到情绪风暴的影响，因此在这种情况下，他们通常也没办法保持平静。另一方面，情绪化父母也有一个巨大的优势：只有他们才能够真正地体会孩子的感受和经历，即使在情绪极端异常的情况下。在亲子关系中，情绪化显然可以表现在不同的脾性上。有时候，一个极为敏感但却不喜欢运动的情绪化爸爸会有一个同样极端敏感却非常充满活力的儿子！

面对情绪化儿童时，情绪化父母的最大挑战不是在极端情绪的漩涡中不被冲走，而是保持稳定的成年人角色，努力让孩子保持平静，并带着强烈的情绪，亲切地陪伴着孩子。

怎么才能做到呢？当许多情绪化的父母回忆起小时候遇到情感挑战的情况需要什么时，会得出这个问题的答案。因此，他们的同情心就又进了一步：他们现在不仅感受到自己孩子此刻的感觉，而且也知道他们现在需要什么。

此外，在紧急压力情况下，许多情绪化父母会使用之前练习过的镇静技术。有了这些技术，他们就可以快速摆脱紧急状态。

平静下来：父母可以提供什么帮助

　　在紧急压力情况下保持冷静，这并不容易。但对于父母来说，在把精力投入到孩子身上之前，从内心的混乱中发现自我是极其重要的。因此，同样的原则也适用于日常家庭生活中的情感危机，就像面对飞机上的气流颠簸：先救自己，然后再救你的孩子！

　　下面是一些让你保持冷静的有效的小建议：

- 闭上眼睛，有意识地吸气和呼气 10 次。
- 喝一杯冷水。
- 用拳头打枕头，或者把冰块放在水槽里，以消除最坏的情绪。
- 用食指和无名指按摩自己的太阳穴。
- 用右手的拇指和食指在左手手指之间的空间上按压几秒钟，反之亦然。
- 重复一句可以让你平静下来的话，例如："安静下来，一切都会好的。"

被旧情绪所控制

从长远来看，情绪化儿童的父母面临的最困难的任务可能是学会处理自己的"内伤"，这种内伤经常由情绪化儿童的所作所为挑起，并常常导致最剧烈的冲动性"短路反应"，让父母感到害怕。

尤其是，如果他们曾是不能无所畏惧地表达自己强烈情绪的情绪化儿童，通常不知怎么就学会适应期望和抑制自己的情绪——但这糟糕的情绪体验却仍然深深存在于他们的内心之中。原因在于我们心灵的保护性，它把这些经验和感觉包裹起来，并将之从我们的积极记忆中驱逐出去，这样我们在日常生活中就不会背负它们了。但是，某些所谓的"触发器"会把这些安全存储于潜意识的感觉揪出来，这常常是出人意料且剧烈的，并且这会导致强烈的情绪反应。

与情绪化儿童一起生活有许多这样的触发点：让我们想起我们的孩子和我们当时遭遇着一样的情况，或者他表现出了我们从来不敢表现的那样。这就好像突然间保险丝烧断了一样，我们像疯了似的咆哮。旧的痛苦、绝望和愤怒是如此强烈。所有我们学会压抑的感觉，其实并没有消失。它们一直都在那里，不情愿地被压抑。现在突然间它们就把我们打垮了，所有一切都开始针对我们的孩子了。太可怕了。在很多父母身上都会发生这种事，即使很少有人提起。只有一个有效的对策：我们需要找到一种方法来处理自己的痛苦经历，这样我们就不会把它们传给我们的孩子。

你不需要非得接受心理治疗，专业的治疗陪同就很有帮助。在许多教育咨询中心和心理治疗中心，你还可以预订短期课程，这些课程可以保护自己和孩子免受病痛的影响。

与孩子一同感受，而非一起爆发

父母伴随着孩子的情绪波动，这基本上是一个好迹象。因为这表明我们和孩子很亲近，这是很好的，也非常重要。但是，为了健康地处理孩子的强烈情绪，我们必须让自己坐在孩子情绪化的过山车上，和他们一起感受。因为当我们和孩子一样无法被他们的强烈情绪控制时，这些情绪风暴才为我们的家庭生活指明了方向——成年人的工作就是关注所有家庭成员的幸福。为此，我们需要一定的情感距离。然而，这个距离也不能太大，否则我们就把自己包裹起来，变得铁石心肠、难以理解。我们一定需要同情心，与孩子保持情感联系并与他们的情感产生共鸣，否则他们很快就会感到被误解和陷入孤独。

我女儿安雅 5 岁的时候，我们一起去荷兰度假。她和我在翻滚的海浪上玩得很开心。她的欢乐是如此具有感染力，以至于我自己也变得狂妄自大，一直和她一起冒险，直到我突然发现自己不再站在地上了。突然一个大浪来了，把我们俩都带走了好几米。我们在海上深感无助，安雅的双手搭在我的胳膊上。我几乎无法继续漂浮，海浪的潮水把我们拖得越来越远，一直拖到海中间。我绝望地尖叫着求救，幸运的是，两个年轻人听到了我们的声音，游过来救我们。我记得那天的情况，安雅表现出强烈的情绪风暴并威胁着要把我赶走。

然后，我就想象，她的快乐、悲伤和愤怒其实就像我们一起面对的海浪一样。虽然安雅可以在冲浪时不再紧紧抓住我的手，但我必须确保我们的双腿牢牢地站在海底，以免被海浪冲走。

凯塔琳娜

外向型还是内向型

情绪化儿童有很多共同点，但每个孩子都有自己独特的个性。有些孩子勇敢而精力充沛，但却害羞。有些孩子狂野、高度敏感，但充满恐惧。但是，情绪化儿童到底从哪里获取力量处理这些矛盾和激烈的情绪呢？为了回答这个问题，需要仔细观察我们孩子的性格并问自己：我的情绪化儿童是外向还是内向？

与日常生活中语言通常所显示的涵义不同的是，内向或外向不仅仅是一个人的性格特征，也是指一个人从哪里获得力量。

外向的人不仅仅开朗、善于交际，他们也需要去冒险和与他人互动才能感觉良好，在这种情况下为日常生活的挑战储存能量。一旦长时间没有与外界沟通，生活中一成不变，就会心志消沉。大约有 75% 的人性格外向。

相比之下，内向的人不仅仅是冷漠或害羞。他们需要休息以恢复和重新得到日常生活所需的力量。经常暴露在刺激中和参与社会互动需要消耗大量的能量，并使他们感到内心疲惫。只有25% 的人内向，这就是为什么他们经常觉得自己有问题的原因，因为他们和周围的大多数人都很不一样。

没有人能选择自己的性格，不论是内向还是外向的人，都得度过这一生。像许多其他性格一样，这种性格被写在我们的基因中。因此，想把内向的孩子教育得更外向，或者反过来，都是徒劳的。尤其是因为这两种基本性格不分好坏：外向在日常生活中有利弊，内向也是如此。重要的是，我们应尽可能地调整我们的生活，来应对各种挑战。

对每个人不同情感的能量来源的认识又具有特殊的意义。因为有着如此强烈情感的生活是令人疲惫的——对于情绪化儿童来说是如此，对他的父母和兄弟姐妹来说也是一样。更重要的是，家庭中的每个人都应知道自己的能量来源，在那里他可以给自己充电。

为了找出一个家庭中谁内向谁外向，通常情况下不需要复杂的个性测试——儿童和成人通常感觉和显示得非常清楚，哪些情况下他们疲惫，哪些情况下他们放松。我们所要做的就是再次学习读取这些信号。

外向的人

- 喜欢周围的人，喜欢多人一起出行。
- 有强烈需求想告诉别人他们的感受和经历。
- 倾向于大声说话。
- 比起倾听，更喜欢诉说。
- 经常在谈话中打断其他人。
- 如果不被允许加入一个小组，很快感觉自己被隔离了。
- 经常很难理解有人喜欢独自一人，因此有强烈的冲动让孤独的人参与到聚会之中。
- 渴望得到其他人的赞赏和认可。
- 在独处时经常遇到困难。
- 当他们独自在家时，通常会人为地制造一些背景噪音，这样就不会感到寂寞。

内向的人

- ○ 通常是沉默和集中注意力的观察者。
- ○ 喜欢自己一个人工作。
- ○ 通常只有一小群亲密的朋友。
- ○ 他们宁愿只与最亲密的家人一起度过闲暇时光。
- ○ 当天的大多数情绪和事件最好自己处理。
- ○ 对隐私的强烈需求。
- ○ 当其他人在谈话中亲自接近自己时，很快觉得受到骚扰。
- ○ 喜欢听别人说，自己不说很多话。
- ○ 仅向最亲密的朋友敞开心扉。
- ○ 在回答问题之前经常需要一点思考。
- ○ 经常可以在沉默中独自度过几个小时，然后像长时间睡眠后一样感到精神焕发。

　　然而，重要的是要认识到，在一些具体情况中，不能通过一个人的行为判断他内向还是外向，而是通过他的反应和感受。这种情况消耗了他的力量还是给了他力量？这是面对情绪化儿童的时候应该考虑的关键因素。因为许多内向情绪化儿童都很外向，喜欢交谈，口才出众，但是他们之后会筋疲力尽，急需时间给自己充电。相反，也有害羞内向的情绪化儿童需要群体和互动为自己充电。

　　当情绪化儿童很长一段时间都无法得到内在的能量来源时，经常表现出特别紧张的行为。因此，了解你的孩子是外向型还是内向型，是与情绪化儿童一起过更轻松生活的第一个重要步骤，因为当他们充满电时，他们可以更好地处理自身强烈的情绪。为了不消耗日常生活中内在的能量储备，向情绪激动的孩子解释他们的气质，并教会他们在日常生活中可以用来好好照顾自己的具体配方，这是有帮助的。

内向的孩子应该从父母那里听到：

○ 每个人都有不同的放松方式——你需要在家里休息。这很正常。

○ 你喜欢独自在房间里玩，真是太好了。

○ 你在说话之前先思考，我太喜欢这一点了。

○ 你非常认真地选择你的朋友，然后好好照顾他们。

○ 我知道你喜欢爷爷奶奶，你也发现在爷爷奶奶家连续待3天，他们会感到很疲惫。我们能做些什么让爷爷奶奶轻松点？

内向的孩子应该学会说：

○ 让我想想。

○ 我想一个人待一会儿。

○ 我们能休息一下吗？

○ 我只需要休息一下。

○ 我能坐在自己的桌子旁吗？

○ 我很喜欢你，但我需要一点时间。

内向的孩子如何充电：

- 在自己的房间里玩耍和放松。
- 坐在汽车的后座上。
- 在安静的环境中交谈，让对方有充分的注意力。
- 完全专注于某项任务或游戏。

外向的孩子想要从父母那里听到：

- 你真的很擅长和朋友在一起！
- 你喜欢事情发生时的感觉。
- 很高兴看到你接近他人是多么容易！
- 通过谈论你的感受来理清你的感受。
- 我知道当我照顾其他孩子时，你很难独自待在房间里。我们该怎么做才可以呢？

外向的孩子应该学会说：

- 我喜欢参与。
- 我们能一起做吗？
- 你能帮我吗？
- 加入进来！
- 我想告诉你一些事情，现在需要你听我说。

外向的孩子如何充电：

- 在与其他孩子一起玩嬉戏时。
- 得到信任的人的赞赏反馈。
- 进行令人兴奋和具有挑战性的活动和冒险。
- 深入讨论他们的经历和感受。

那我们呢？

当我们知道他们的能量来源时这不仅对我们的孩子有好处，我们父母也可以知道如何给自己充电，并从中受益。外向和内向的人需要非常不同的东西来获得新的力量，这对于许多父母来说是一个重要的见解。这不仅帮助他们更好地理解孩子，也帮助他们更好地理解自己。对于父母和孩子性格结构有很大差异的家庭，发现内向的人和外向的人有不同的能量来源是非常重要的。因此，许多内向父母认为每个人都需要休息是理所应当的，以至于他们甚至没有想到，不应该强迫自己疲惫的孩子休息，因为作为一个外向的人，在学校合唱团唱歌或者和朋友一起踢球时，他们会感觉更好。相反，性格外向的父母往往不知道，带着整个大家庭去动物园不是一个很棒的生日惊喜——因为他们内向的孩子会更愿意在家度过一个安静的、无人打扰的下午。

知道外向和内向的人需要非常不同的东西来获得新的力量，这非常重要。因为这不仅有助于父母更好地了解自己的孩子，也有助于他们更好地照顾自己。内向的人和外向的人需求不同，这也解释了为什么父母在陪伴情绪化儿童时常常感到如此疲惫。了解自己无能为力背后有哪些无法满足的需求，也可以推动父母在家庭生活中寻找能够再次利用自己能量的方法。

情绪化名人：汉斯·克里斯汀·安徒生（Hans Christian Andersen）

一个可怜的、敏感的小男孩躲开了城里的其他孩子，因为他们只会嘲笑他，他脸红了，还哭了——这就是小安徒生的故事，他是一个鞋匠的儿子，从小就是一个孤独的孩子。他更喜欢在家里玩父亲为他制作的木偶，他和他的角色一起表演他自己设计的小片段。父亲在他 11 岁时去世，母亲非常关心他的前途。但他不想成为一名公务员，他也拒绝做裁缝学徒——这个纤细又温顺的男孩会做什么呢？他有一个梦想：他想去剧院！他想唱歌、跳舞、玩耍，最重要的是想要自由。所以，当他才 14 岁的时候，他一个人去了哥本哈根，他试图在那里成为一名演员和歌手，但没有成功。他没有受过教育：他会唱歌，但他读写不好。所以，他开始进入一所拉丁文法学校①学习，面对学校的严格和束缚，他感到非常痛苦。"我在学校是一个受压迫的人。"他后来这么写过。因此，他从高中毕业后就明白了，他不想当教师或公务员，他就想当个诗人。最重要的是，他对别人编的故事和世代相传的故事着迷。安徒生收集了 150 多个这样的民间故事，把它们写下来，后来一举成名。在他的童话故事里，安徒生把从前可怜的皮匠男孩带到皇家法庭和宏伟的宅邸，并确保他可以去法国、意大利、希腊、土耳其和英国旅行。安徒生早年很不开心，但一找到激情，他就开始享受生活。"仅仅活着是不够的，"他在去世前几年写道，"你必须还要有阳光、自由和一朵可爱的小花。"

---

① 拉丁文法学校是欧洲的一种中等学校。注重学习拉丁文、希腊文，为学生升入高等学校做准备。——译者注

去改变，而非伤害

我的孩子是一个情绪化儿童——对许多父母来说，了解这一点意味着极大的解脱。因为随着对情绪化儿童的了解加深，我们会慢慢发现两个重要的事实：我们父母不应受到责备，我们并不孤单。

但我们需要更好地理解情绪化儿童的责任并没有因此减少，因为他们的情绪化是许多典型行为和困难的一种解释——但这不能成为一个推脱的借口。在美国经常可以看到这种现象：孩子跳上桌子朝老师吐口水，向同学扔课本，把玩具推下滑梯——家长耸耸肩说："我们能做什么？他们就是性情儿！"这就是为什么在北美"性情儿"这个词虽然减轻了数百万父母的负担，但有时还会让性情儿家庭面临新的"偏见"。"性情？对孩子来说，这是个时尚的名字吗？"

因此，我想对情绪化儿童的父母说：每七个人出生时就会有一个人是情绪化的——但这不是借口。是的，情绪化儿童往往很难接受他人的限制并遵守规则。他们有种自由精神，这就是他们的天性。然而，情绪化儿童的父母往往为此担心：如果一个孩子如此温柔和脆弱，同时又如此狂野和"跨界"，我怎么限制他才能不伤害他呢？或者换句话说，我怎样才能无条件地爱和接受我的孩子，同时以包容的方式对待他？

对于我们祖父母这一代人来说，很明显：父母的任务是把他们的孩子培养成人。对于我们自己的父母来说，培养孩子变得更复杂：把孩子引领到正确的道路上，同时也为个人发展留有空间。

现在呢？我们这一代许多人已经不清楚父母到底应该怎么做和要做什么。难怪我们每天都看到那么多关于父母身份的矛盾信息！

一方面，我们这一代父母觉得太放纵孩子了——这对情绪化儿童的父母来说是一个特别"有害"的信息，因为这会让他们回到"自责"上；另一方面，在网络论坛和社交网络上，今天的父母一再提出这样一种信念：任何影响自己孩子行为的企图最终都是暴力和滥用权力的形式。对所有父母来说，特别是对于情绪化儿童的父母而言，在这些极端的位置之间找到自己的位置是困难的，因为他们的孩子是这两方面的证据：

看，如果没有得到足够的，孩子就会变成这样！

看，如果限制太多，孩子就会变成这样！

问题在于：这种对于孩子权利和父母责任的公开讨论是重要的。但对当今父母的强烈指责不仅削弱了父母的自信心，也导致他们无法看清自己的孩子。

因此，如果情绪化儿童的父母没有被怀疑所吞噬，能在家庭中起到带头作用，那么他们会让孩子和自己的生活更轻松。"我们是父母——我们可以这么做！"那些持这种态度和观点的父母就可以对情绪化儿童做出明确的反应。

情绪化儿童的自然权威

在家长的恐惧和压力下的权威教育现在被禁止了——这真是幸运！这种教育虽然可以立刻起作用，它能让孩子变乖、听话，但也能让他们像受惊的鸭子一样成长，没有自我意识。

然而，由于受到权威教育的影响，许多家长希望孩子们能够接受权威的观念。当父母和孩子达到"齐眉"高度时，情况会变好？视情况而定。当成人和儿童在一个层面上相遇时，可以说这完全是积极的。但这并不意味着一个家庭中的父母和孩子可以或应该一直保持在同一个层面。丹麦著名家庭治疗师杰斯珀·尤尔[①]将这一原则称为"平等"原则，根据这一原则，家庭中所有人都有同样的尊严权利，但却没有同样的决策权。因为孩子需要成人为他们指导方向，给他们支持和定位。作为一个成年人，孩子可以毫不畏惧、全心全意地向他学习，这就是"自然权威"的含义。这种领导可以在世界各地的所有文化中找到：成年人给予指导和信任，孩子们会效仿他们的榜样，不是出于对制裁的恐惧，而是出于内心深处的尊敬。这正是父母所表现出来的这种安全感，这种领导力在全球所有文化中都可以找到："成年人给予指导和信任，孩子们会以他们为榜样，而不是出于对制裁的恐惧，而是出于内心深处的尊敬。这正是父母表现出来的安全感。这种安全感是建立在对我们自己的榜样和孩子们合作意愿的深度信任之上

---

① Jesper Juul，著有众多家庭教育类畅销书。——译者注

的，而事实上这种安全感往往是缺乏的，尤其是在我们的情绪化孩子身上。是时候重新发现它了！"

家庭作业一直是尤里的心头病。他怒气冲冲，尖叫着，把笔记本撕下一半，用力按他的笔尖。在这些情绪爆发的最后，有一个不成熟的解决办法：同意他只做一半家庭作业。我给他写一个词，然后他再写一个，然后我又写一个。有时他每写完数学作业本上的一道题，我们会给他一颗糖果作为奖励。有时我们也威胁他说作业做完之前禁止看电视。不管我们怎么做，战斗第二天还是会继续。

后来，我们听从学校的提议与一位育儿顾问交谈。在听了我们的抱怨后，她问我们："你们是怎么让儿子每天刷牙的？"我们惊讶地盯着她看："刷牙从来都不是问题，这就是每天生活的一部分。"接着，育儿顾问问道："家庭作业呢？是否也包括在内？"然后，我们才意识到自己对尤里的态度完全不清楚。我们当然想让他做他的家庭作业。同时，我们也不确定我们是否对他期望过高。我们对所有的冲突感到恼火，不知何故也对学校感到愤怒，因为是学校给了我们这种压力，我们对自己和儿子还抱有同情……很明显，尤里感觉到了这一点：在做作业方面还有很多'谈判'的余地，妈妈和爸爸不知道他们到底能做什么，他们给我糖果作为奖励，甚至搞出电视禁令，他们自己也不相信我会直接做作业。从这个意义上说，他甚至在某些方面是在与我们合作，他实现了我们无意识的期望。

在和育儿顾问谈过之后，我们告诉尤里："你每天都有家庭作业，我们希望你能做。我们相信如果你需要帮助的话，你会来找我们的。祝你成功！"

　　起初，尤里完全被吓了一跳，当然，他也尝试过如果他不做任何家庭作业会发生什么。他的老师说得很清楚："尤里，我希望你能做你的家庭作业。"我们父母也这么心平气和地对他说。尤里呢？他开始坐下来写作业，不再争吵，不再大喊大叫。他似乎松了一口气，终于每个人都知道他们想从他那里得到什么。

玛琳

看清现实

　　情绪化儿童的情绪是不稳定的，也是瞬息万变的。对他们来说，在父母身上找到一个稳定的依靠就更为重要。但是，在日常生活中却并非易事。尤其是那些自己有着丰富而强烈情感生活的父母，他们经常感到自己被这个角色所压倒。毕竟，我们是人，而不是机器——我们应该如何始终保持同样的行为？对我们的孩子来说，真实地体验我们不同的情绪和感受不也很重要吗？

　　这种防卫反应其实反映了一个误解：为了给孩子提供安全和稳定，我们父母不必总是以同样的方式行事。情绪化儿童不需要机器人，而是需要有真正情绪的父母，与他们建立真正的关系。让孩子感到可靠的决定性因素是，我们表现出自己的真实感受，这就是孩子要找的安全保障。

真实性的秘密

情绪化儿童有点像测谎仪：他们会注意到什么时候出了什么问题，也非常擅长解读我们的细微信号，甚至发现我们几乎不想承认的感受。这在日常生活中可能会让我们觉得很累。"妈妈，你不开心吗？"——很多情绪化儿童的父母会被问这样的问题。情绪化儿童不是偶然问一问这样的问题，而是频繁地问——"妈妈，你累了吗？你生气了吗？你有压力吗？"他们通常不接受否认的回答。"但是，你看起来很不开心，妈妈。还是你累了？有什么事吗？"一个 6 岁情绪化男孩的母亲这样说道。此时父母会感到"这就像是永无停止的调查。""我总是要解释和证明，说出我的感受。我不再有自己的隐私了吗？"当然，父母可以简单地停止回答这些问题。然而，理解这些问题背后情绪化儿童的需求更有意义，以及为什么情绪化儿童不能了解他们最亲密的人的情感世界。

许多父母把真实性理解为一种激进的诚实，孩子应该了解父母的感受和想法，看到他们的愤怒和情绪爆发，毕竟这是真实的情感流露。孩子也需要从我们身上寻找这种真实性。这些真实情感有助于帮助孩子看到我们的羞耻、疲惫和无助。但是也要小心，孩子倾向于把这些归结成自己的责任，情绪化儿童更有这种倾向。换言之，如果他们总是想知道我们是怎样的人，通常会有这样的感觉：他们对我们的幸福负责。"爸爸妈妈一切都好吗？或者有什么事要我做吗？"因此，当我们向孩子们展示我们自己的情感时，我们就成为他们的好榜样，同时我们也需要向他们展示我们如何对自己的情感负责：

- 是的，我现在有点难过，所以我马上给我朋友打电话了。之后我感觉好些了。
- 你说得对，甜心，我只是看起来有点累。我昨晚睡得不好。这就是我今晚早睡的原因。
- 是的，我的小宝贝，我只是有点紧张，因为爸爸和我谈了一些成人之间难处理的事。但别担心，我们会做好的！

　　许多父母把这种真实性理解为一种过度的诚实，孩子应该了解父母的感受和想法。另一方面是，这样也可以了解父母的真实感受和想法后发泄愤怒。毕竟，这是真实的情感流露。

- 爸爸，你生我的气了吗？
- 我又太疯了吗？
- 你愿意要其他小孩而不要我了吗？其他孩子不总是那么生气，喜欢做家庭作业吗？
- 你为我的现状感到难过吗？

　　很多家长都有冲动，想用"这是胡说八道，当然不是！"回答这些问题。但问题在于，情绪化儿童非常善于感知我们情绪世界的微妙变化——当我们试图掩饰的时候，他们当然也会注意到。所以他们很快就会得出结论："我找到了问题所在。这就是为什么爸爸不想回答我的问题，毕竟他不想伤害我。"因此，我们常常无意识地回避他们的问题。然而，能让孩子知道自己可以信任自己的感知，可以确保无条件地被爱，这更加具有挑战性但也更有帮助。

○ 不，我没有生你的气。我很伤心，我们今天争执太多，我无法更好地理解你。

○ 是的，今天我非常忙非常累。有时，我没有你那么多的能量。

○ 当然，如果你喜欢做作业，我们会觉得更轻松些。但我知道这对你来说很难。不幸的是，我并不总是像我想的那样耐心。

○ 是的，现在我很生气。但与此同时，我一直很开心你是我们的孩子。

我们今天与孩子所谈的内容，这今后将是他们的内心声音。

——佩吉·奥马拉

够好就行了

许多情绪化儿童的父母都会说"差不多就行了",这表明与情绪化儿童太较真显得不太好。毕竟,不同的家庭中情况有所不同,艰苦的日常生活需要消耗大量精力,我们不能一直都保持心情舒畅。每个情绪化儿童的父母都知道他们终有一天会失去勇气,变得愤怒、绝望和沮丧。

如何以不同的方式对待情绪化儿童,这些并不是普通父母达不到的无法实现的高标准。与其说具体的话语显得僵硬或不太自然,倒不如说其背后的态度:我们怎样才能在不违背孩子天性的前提下与他们交谈呢?我们当然可以用日常生活中的语言来做到这一点,但最重要的是孩子从我们的话中学到了什么。有时作为一个情绪化儿童的父母,大声吵闹几乎是不可避免的,任何失控的愤怒爆发对孩子的自尊都不是有益的。原因是情绪化儿童往往有一个特别脆弱的自我形象,他们强烈而多层次的情感导致他们内心的分裂,这样他们就常常发现,很难无条件地认为自己是好的或是正确的。

因此,情绪化儿童想在最信任的父母那里寻找一个问题的答案——他们到底是谁,他们是怎样的人。他们倾向于认为我们日常表现的友好不如愤怒真实。所以,一个友好的晚安之吻无法改变一场情绪爆发。因此,这有时会引发父母更加强烈的愤怒。情绪化儿童总是在寻找问题的答案:我是谁,我讨人喜爱吗?于是,父母和孩子很快就卷入了一系列的伤害和反伤害行为中。难怪在心理治疗的开始阶段，成年人常常会发现父母在冲突和争执中向他们传递的信息，组成了他们内心受伤的自我形象。对我们父母来说，这意味着我们的孩子还没有成年，他们的自我形象还没有真正形成。我们今天对他们说的话决定了他们将来如何看待自己和他人。每当我们在糟糕的情况下努力尊重和欣赏我们的孩子，他们的自信和自尊就会加强。

我们的工作永远做不到完美。我们不能完美地教育你，我们也不总能很好地向你表达我们的爱。但是如果你看着我们，我们会告诉你我们是怎样的人。如果我们想要看到你，我们就会看着你。我们会全心全意地看着你，全心全意地爱你。

—— **布琳·布朗**

第四章

学会处理强烈的情绪

每种感觉都有自己的名字

当小孩子学说话时，他们希望我们能把东西放到他们的手上。只有这样他们才能知道桌子就是桌子，球就是球，而抽象的词汇如"请"和"谢谢"，他们则只有通过观察和模仿才能学会。因此成年人对情感色谱的认识和命名尤为关键。很多孩子无法从成年人那里学会如何充分认识自己复杂的感情世界。他们只知道，当他们微笑和开心时，大人会觉得这样很好，如果他们紧张、担忧、伤心或生气时，大人就会说"不要这么不开心嘛！"这样孩子就产生一种印象，即世界上只有两种情绪，开心和不开心，每个人都喜欢前者，而讨厌后者。但讽刺的是，这些只教会了孩子两种情绪的成年人，此后又会要求孩子"用语言而非暴力"去解决冲突，就好像他们自己能够区分失望、嫉妒、气愤、伤悲，并能抗拒这些情绪似的。

帮助情绪化儿童应对其复杂情感的第一步便是帮助他们认识人的各种情绪以及这些情绪的称呼。一个有效的办法便是"映照"，即成年人识别孩子心中的感情变化并通过语言表述出来。这项训练在宝宝时期便可以开始：

"哦，现在你不开心，因为你够不到摇鼓，是吗？看，我把它向前推了一点，现在你可以碰到它了，你看你多开心呀！"

这种独白式的评论往往会慢慢演变成非常有意思的对话。

"卢卡不让你玩他的小车，你现在肯定很失望吧！"

"妈妈现在要给宝拉喂奶，而不是陪你读书，你肯定有点嫉妒吧！"

　　通过这种方式，孩子可以意识到愉悦的和压抑的情感，并且此后自己表达出来。

　　"我觉得很压抑""我觉得内心很不平衡""我觉得我完成不了这项任务"，很多成年人觉得幼儿园或者上小学的孩子就应该能这样表达了，但他们又会觉得这些表述从一个孩子的嘴里说出来总是有点诡异和做作。这是因为我们的文化传统决定了我们不会太多地和孩子谈论他们的情感，因此孩子也很少直接告诉我们他们内心的感触。但是导致这个现象的实质原因在于我们家长，我们应该改变这种不愿与孩子过多谈论感情的文化传统，并且教会孩子用复杂的语言表达出他们内心的情感。

关于"映照"的那些事

识别情绪和给它们命名是孩子学会处理情绪的重要的第一步。而我们作为父母通过用语言"映照"孩子不同的情绪就像是将工具放到了他们手中。但是这里存在一个问题，即我们只能映照那些我们能识别的情绪，而且有时候我们还会判断失误。因为即便我们很了解我们的孩子，但我们对他们情绪的感知其实很大程度上受到我们内心情感状态的影响。比如我们就很容易无意地将我们潜意识中的恐惧和担忧当成是孩子情感的映照，导致天生就爱合作的孩子以为这就是他们的情感，从而真的感到恐惧和担忧。而想要从这种恶性循环中逃离出来却不是那么简单的事情。我们可以做的就是尽量少地解读孩子的感情变化，而是要不加评判地去描述，比如"你一直盯着我，是不是有什么想告诉我的？"可以给孩子更多自我表达的空间，这要比直接说"你肯定又不想去幼儿园了，是吧"好上很多。重要的是，所有的映照我们都要通过提问的形式而非板上钉钉的样子表述出来，而且我们还需要细心关注孩子的每个抵触、反抗的信号。下面的这段对话就展现了和一个两岁的情绪化儿童的有效沟通过程：

"你看起来好像在生我的气，是真的吗？"

不情愿地点头。

"你不生气？那你是在伤心吗？"

摇头。

"你现在感觉不太好，是吗？"

生气地点头。

"你想告诉我你为什么不开心吗？"

"汽车。"

"哦，你今天早上想把你的小汽车带到日托所，是吗？"

点头。

"然后我不让你那样做。"

使劲点头，眼中含泪。

"因此你现在很失望，而且还生我的气？"

剧烈地点头。

"我很理解。"

这些被悉心照料的孩子往往也能慢慢发展出将内心的复杂情感进行分类和识别的能力，他们能慢慢认识到他们当下的感受如何且为什么会如此。这些都是他们调节内心情感的基础。

自我调节而非自我压制

"你现在能不能控制一下自己？"几乎所有人在他们的童年都听过这句话。这种要求说明，直到不久之前人们还将情绪化儿童的情感爆发归因为缺乏自控能力。持这种看法的人认为，有自控能力的人可以控制住自己的焦虑和失望，而不是通过夸张的方式让周围人都陪他受罪。

事实上很多已经成为父母和祖父母的人都将这些想法内化了。他们觉得好的、被允许的情绪可以被展现出来，但是黑暗的、被禁止的情绪就一定需要被压制下来。很多心理治疗师多次强调这种想法的害处，并直至今天仍在帮助无数的成年人去重新认识和感受他们压抑多年的嫉妒、恐惧、绝望等情绪。情绪不能被分门别类地压制，而只能从整体上慢慢淡化。自然，人可以学会控制自己的情感，以至于他们都感受不到内心的波澜，但如此一来，他们不仅将愤怒、悲伤或恐惧这些情感弱化了，同样也将他们的激情和快乐体验降到了一个最低点。因此，自我压抑的后果便是得到一个像北德平原①一样的感情生活：没有起伏，目之所及只是一片平原。这也就是为什么那些学会压制情感的人后来更容易崩溃或抑郁。还有一些人会试图通过酗酒、吸毒或者其他成瘾性药物来填补内心的空洞；另一些人则投身于极限运动，因为只有这种会导致肾上腺素激增的体验才能给他们带来真正的愉悦感。

---

① 德国北部地区地势较平缓，多平原。——译者注

为了防止这种事情发生在情绪化儿童身上，我们一定要找到一条帮助他们的路，让他们以健康、可以被社会接受的方式调节自己的强烈情感。他们需要学会自我调节。与自我压制采取的压抑内心冲动的方式不同，自我调节能力可以帮助我们找到情感反应背后的原因，然后寻找一条使波涛汹涌的神经系统重新平静下来的途径。

　　没有哪个年龄能像童年那样对所有事情都有着无比强烈的情感体验。曾经也一度为少年的我们，也应该回忆一下，当时的我们是什么样子的。

——阿斯特丽德·林德格林

情绪化名人：马伊姆·拜力克（Mayim Bialik）

作为美国犹太移民后裔的马伊姆在幼儿园阶段便从她的家族曾经受过的迫害和死亡中认识到，人生可能会面临很多伤痛。她的情感体验也尤其强烈，还是小学生的她就很难理解为什么别人可以安然度日而不会悲喜皆泣。这个敏感的、爱苦思冥想和聪颖无比的小姑娘在学校中就不合群，她也很晚才进入青春期，直到成长为年轻女性才开始对异性感兴趣。马伊姆在青少年时期便在电视剧《绽放》①中担任了主演，这使得她的生活处于一种几近疯狂的状态。一方面她是一个童星，另一方面她又是一个很难控制自己情绪的小学生。因此她告别了好莱坞，转而攻读神经生物学，获得了博士学位，并成了两个孩子的母亲。后来她以《生活大爆炸》②中艾米的角色重回影视圈。现在，她不仅利用自己的强烈情感来为剧中的角色赋予生命，还致力于写书，尊崇纯素食主义并献身动物保护事业，而且利用自己的知名度宣传无暴力教育。此外，她还建立了一个网上社区"理解的国度"（Grok Nation），来帮助人们以爱的力量认识世界。"长久以来我一直觉得我的强烈情感是我的缺点，因为它总是让很多人觉得不舒服，尤其是我自己。"她曾在她的 Youtube 节目中说过："确实，总是感到这么强烈的情感确实很累人，但是现在我会将它们视为我自己的超能力。"

---

① *Blossom* 是 20 世纪 90 年代初期 NBC 电视台播出的情景喜剧，马伊姆·拜力克在剧中饰演主角。——译者注

② *The Big Bang Theory*，美国情景喜剧，于 2007 年在哥伦比亚广播公司（CBS）播出。该剧讲述的是四个宅男科学家和一个美女邻居间发生的搞笑生活故事。——译者注

小心：焦虑

我们自我感觉如何？我们有多少能力？我们应该如何有效地处理压力？这些只不过是简单的脑科学问题而已。大脑的最佳状态便是一直处于放松的基本状态，因为这样我们的大脑在应对日常挑战时便不会觉得过于轻松或者过度紧张了。如此我们的新皮层，即大脑中负责理性和计划的部分，便可以正常地与调节我们情感世界的边缘系统相互协调。下丘脑，即调节我们身体基础功能的脑干，也处于休眠模式。它内置的警报器一旦察觉到危险便会发出警报，使身体进入戒备状态。因此在这种基础状态下，人还是可以应对轻微的焦虑状况的。这时，理性便会以事实来说服感性，而感性也会抚慰理性接受现实。如是，神经系统可以很快进入放松状态，下丘脑也恢复平静。

但是太多的焦虑会让这种调节系统很快失效。这时候下丘脑便会马上调节到原始的"战斗"或"逃跑"的危险模式，同时边缘系统中的应激反应将被激活，并产生恐慌和侵略性，而负责理性的新皮层则会瘫痪。对于是逃跑还是挥动拳头，它已经完全无能为力了。这也就说明了，为什么在焦虑状态下我们很难能清晰地思考并理性地行动，而总是倾向于嘶喊和怒吼。因为此时我们的大脑已经开启了存活模式。

困难在于，情绪化儿童抗逆性很弱，容易陷入"非战即逃"的状态。很多人甚至在再平常不过的日常生活中也会持续地受到焦虑的困扰，以至于他们的大脑长期处于警备状态。典型的标志便是无端发怒，抑或忧虑多惧，入眠困难，言语不调，举止失措，当然，还有固执己见。很多成年人会把这种行为视为孩子有意识的无视，但实际上这是孩子开启了原始的存活机制。在处于警备状态时，孩子内耳中的肌肉会紧缩，以至于他们几乎听不到任何人类的声音。但这时候他们可以非常清晰地接收较低音调的声音，如狮子、老虎和熊的呼噜声。这显示出，情绪化儿童的情绪至今仍被那么古老的作用机制所控制。在我们和孩子就家庭作业的问题进行争吵时，他们就已经在大脑中开启了针对"剑齿虎"的保护机制。

可悲的是，只要孩子开启了这种模式，我们就完全没有法子了。无论我们是严厉还是宽和，粗暴还是温柔，他们就是听不到我们的话语和解释，因为他们的新皮层根本就没有工作。最麻烦的情况是，我们严厉且大声的斥责会让已经被压力荷尔蒙淹没的孩子更加焦虑，而最终将他们推进恐慌和绝望之中。

因此我们一定要理解，最困难的行为方式和最激烈的情绪爆发的背后掩藏着一个非常简单的原因：焦虑，太多的焦虑。而增强自我调节能力的唯一出路便是持续减少焦虑，无论是通过事发现场的紧急援助还是其他长期的策略。

永远敞开的紧急出口

　　情绪化儿童最大的问题便在于，他们的大脑总是很快进入戒备状态而使得所有悉心练习的自我调节策略再无用武之地。由于父母在这个时候完全无法通过语言和他们交流，因此很多父母觉得在这些时刻，他们的孩子完全脱离了他们，并且再也没有机会和他们进行沟通。幸运的是事实并非如此，因为我们作为父母一直都有机会和孩子建立联系。我们和情绪化孩子之间的联系是如此强烈，以至于再大的情感波动也无法动摇它。但是因为孩子大脑的理性成分已经因处于最高的焦虑水平而无法接受我们的语言沟通，我们就必须通过其他方式与他们进行沟通，即非语言交流。

　　因为一个出于激动已经完全听不进任何言语的孩子会本能地对他最亲近的人的肢体语言，如眼神和手势，做出反应。这时候任何严厉的语言都会进一步强化他的焦虑，而每个温柔友好的词语、每个会意的眼神和每次温柔的抚摸都可以降低他们的焦虑程度。这时候，孩子的镜像神经元极速运行，并且帮助孩子同样精准地感知到对方的情感。如果他感知到对方正对自己的情绪爆发十分气恼，情况就会激化。

　　相反，假如对方是平静的，孩子也可以感到平静，并且找到依靠和安全感。这会促使中心神经系统深呼吸，放松肌肉，并慢慢使身体放松下来。我们作为父母一直都可以接触到孩子的情感，即便他们看起来好像拒我们于千里之外。如果我们能够不被一同扯入失控的漩涡中，而是通过镜像神经元为他们提供一个紧急出口，即运用同情和平静安抚他们狂暴的绝望情绪，那么我们就能切实地感受到这种非语言沟通的效果。

我们需要认识到，从外部帮助一个孩子调控情感可以帮助他发展自我调节的能力。调节并不意味着控制孩子，而是引导孩子的情感状态，直到他自己也能正常地调控自己的情绪。

——斯图亚特·单克尔 / 德国心理学教授

过度紧张的可怜孩子

如果孩子在愤怒、喊叫、谩骂和怒吼，直到将我们做父母的情绪保险栓都要烧断了，我们还怎么能向他们展示友好和平静呢？因为这种无休止的情感爆发实在是太累人了，而且丢人。

这时候，我们首先需要认识到，无论孩子的这些情绪爆发是多么没有道理，他本身是没有办法控制的。

他决定不了不再受愤怒的胁迫，他也没有计划要让我们生气。

他不该为超市里所有人都盯着我们而负责，他并不想让我们出丑。

因为，想要达到以上这些行为目的都需要有意识的计划，而一个完全不能控制自己情绪的孩子是做不到这些的。对于他们情绪变化的原因，知道与否完全没有意义。对于一个情绪化儿童而言，不能再吃一个冰淇淋的绝望与宠物死去的悲伤同样剧烈。去区分这些情感到底有无必要并不会起任何作用，因为孩子也并非自己选择要这般受自己情绪的折磨，他们只是生而如此。他们需要一个平静的大人来帮助他们重新平静下来，这需要我们保持耐心、友好和淡然。但是我们怎么能做到这些呢？这就需要我们始终记住，我们的孩子在当下只是一个宝宝，一个需要保护的无助的宝宝。尽管他现在可能已经12岁了，但在当下，他的自我调节能力就像他刚刚3周大的时候一样，3周大的孩子需要我们晚上抱着他在家里走来走去，哄他睡觉。那会儿我们也不能通过语言解释让他们平静下来，但当时的我们也没有去研究他的反应是否需要那般激烈。不，当时我们只是因为宝宝需要所以就待在他们身边。我们当时也不会去怪罪他们总是向世界宣泄自己的不满，我们想到的只是去安慰他们。而现在我们再次回到相同的地方，去安慰我们暴怒的 3 岁、7 岁或者 9 岁、13 岁的情绪化的孩子。这时我们需要像德国心理学教授斯图亚特·单克尔（Stuart Shanker）在他的著作《过激的孩子》中说的那样，学会忽视孩子具体的话语，而是认真去听他们是怎样说话的。他这样写道："我们太习惯将语言作为最重要的交流工具了，以至于我们忽略了孩子说话时的腔调。如果我们去认真听的话，便可以听出一个十分焦虑、拳打脚踢的孩子发出的信号。"具体来说便是，如果我们的情绪化孩子通过最恶俗的谩骂来表达自己的愤怒，那么我们应该尽量不让自己受伤或者被激怒，而是保持安静并看到孩子谩骂背后的绝望情绪。

他们喊叫的并不是他们内心的真实想法，因此我们完全可以无视他喊叫的内容。他就像一个宝宝一样在哭泣，他在向我们表达他的焦虑。这才是当下真正重要的。如果我们依旧保持平静和友好，而不是跟着吼叫起来，那么等他们内心的波涛慢慢平息下来后（这是一定会发生的），大多数情绪化儿童会自觉反思刚刚的行为，并且产生道歉的念头。

让情绪化儿童感到焦虑的因素

情绪化儿童对周围世界的认知尤其强烈。这就意味着，他们的大脑中会涌入更多更强烈的刺激。这些刺激需要被加工和分类，并且常常会引发剧烈而矛盾的情感体验。与其他人相比，情绪化儿童缺乏能够将感官刺激自动分类并有效预防情绪满溢的自我保护能力，因此所有感觉刺激都会未经过滤地涌入他们的大脑。更麻烦的是，情绪化儿童一方面享受这种强烈的刺激，主动去寻找这些刺激，而另一方面却苦于难以控制它们。与很多高度敏感的孩子不同，高度敏感的孩子还会下意识地保护自己，避免刺激满溢，情绪化儿童却不会在新年市场上躲在大人身后或者在电影院里直接闭上眼睛。恰恰相反，他们会积极参与、睁大双眼去吸收所有的刺激，但是慢慢地他们就没办法处理这些情感体验了。因此，情绪化儿童的父母不能让孩子自己去摸索他们能承受多少刺激，因为越线恰恰是情绪化儿童的本性。当然他们也会学习识别报警信号并保护自己，但是我们作为父母首先需要自己寻找出可能使孩子焦虑的因素。

情绪化儿童日常遇到的焦虑因素可能是：

身体上的不适

- 不够软或者不够宽松的衣服。
- 扯到头皮的头绳或者发卡。
- 勒人或者留下勒痕的橡皮筋。
- 味道不好闻的乳霜。

○ 不好闻和辣舌头的牙膏。

○ 走路不舒服的鞋子。

视觉上的刺激

○ 卧室或者教室里过于明艳刺眼的颜色。

○ 让人心烦的图案（如床单被罩上的图案）。

○ 各种形状、各种颜色的玩具。

○ 混乱和无序造成的视觉上的压力。

○ 霓虹灯或者节能灯的闪烁。

○ 立体声装置在黑暗中发出的细微光亮。

○ 电影或电视场景的快速切换。

听觉刺激

○ 多人之间的混乱谈话。

○ 教室里的混乱。

○ 有很多贝斯的音乐（比如在公开活动中）。

○ 家里持续不断的背景音（比如电视、收音机或者洗碗机和烘干机等）。

○ 交通噪声。

嗅觉刺激

○ 穿了很长时间的鞋子的臭味。

○ 没有通风的房间。

○ 气味浓烈的生活用品。

○ 人工香料、空气清新剂中的工业香味。

○ 特定的洗涤剂和香皂。

○ 垃圾桶的臭味。

情感刺激

○ 受到谩骂和埋怨。

○ 感受到骚动和拥挤。

○ 消极并具挑衅性的批评。

○ 示威性的自怜。

○ 尖酸刻薄的表达。

○ 听出言外之意。

○ 被迫旁观不受控制的愤怒和侵略。

○ 被迫感受或旁观情感伤害。

○ 感受到他人的不幸而无能为力。

熟悉的日程发生变动

○ 在家庭之外过夜。

○ 访客在家中过夜。

○ 在陌生的地方度假。

○ 新的地方和语言。

○ 妈妈或爸爸单独旅行。

○ 搬家。

○ 在日托所或者幼儿园里变换小组。

○ 大扫除和新家具。

○ 例外情况以及打破熟悉的规则。

学习正确应对焦虑

看到这张清单，很多家长可能会感到崩溃。他们怎么才能够防止孩子被过多的刺激冲昏？毕竟这其中的很多刺激因素都是日常生活中非常常见的。因此我们就更要认识到，并不是这张清单中的所有元素都对情绪化儿童都有相同的刺激效果。父母亲可以重点关注那些对孩子起到强烈刺激的焦虑因素。此外，父母也要认识到，父母不能也没有义务将所有焦虑因素都清除出孩子的生活之外。重要的是，只要了解到哪些感官感受会给孩子带来更大的困难，我们就可以据此想出一些策略，帮助孩子在未来更好地应对这些挑战。

有意思的是，即便父母完全不采取措施来减少焦虑因素，而只是改变了自己的态度，孩子的焦虑水平也会大大降低。仅仅是倾听孩子关于焦虑因素的埋怨，也可以大大降低孩子的焦虑水平。也就是说，如果 7 岁的克莱门向妈妈抱怨日托所的孩子实在是太吵了，妈妈这时候不一定要具体采取什么行动，仅仅是听儿子的叙述而不是简单地表示无所谓（"他们也不至于那么吵的吧！"）或者反驳他（"我不相信"），便是对儿子的一种帮助了。或者妈妈可以充满同情地说："我完全可以想象到这对你是多么的困难。谢谢你尽管如此，还是每天都去日托所。"这样的回答可以强化他们内心的抵抗力，并通过倾听与认可教会他们什么是真实的和重要的。这样，真正会引发孩子焦虑的因素便越来越确切。有一些因素根本不会影响到我们的孩子，有一些虽然会让他们不舒服，但是我们所需要做的只是去认可它们，还有一些则是真正让孩子感到煎熬的因素，我们就需要积极实施策略来帮助孩子正确应对这些能让他们感到煎熬的因素了。

事实上只要得到足够的帮助、关怀和亲近，孩子几乎可以忍受无限的焦虑。而且这些帮助能够让他们消减焦虑。但是如果他们身边的成年人不能用自己的经历告诉孩子们该如何处理焦虑，那么孩子们便真的面临着一个严峻的问题。

——**杰斯珀·尤尔** /《伴随孩子一生的四种价值》的作者

长期缓解焦虑的策略

找到对孩子影响最大的感官感受有助于我们对症下药。如果孩子非常受不了学校或幼儿园里的噪音，那么父母可以和老师一起商量一个对策来协调需要安静和需要玩耍这两类孩子的需求。一个有效的办法便是让对噪声敏感的孩子在自由创作时间戴上防噪音的耳机。其他可以用于学校的方法还有，给不安分的孩子设置一种特殊的摇摇椅，或者给受不了硬板凳的孩子准备坐垫。有时候也可以让敏感的孩子坐在第一排，那么他们就看不见那些不安分的孩子了。或者班级可以统一一种专门的"安静"手势，这样每当你做这个手势，别人就会懂得现在需要安静。

当然想要在普通学校中为高度敏感、情绪强烈的孩子提供让他们百分之百满意的游戏和学习环境也是几乎不可能的，这也是没有必要的。毕竟只要升高的焦虑水平没有变成持续状态，情绪化儿童也是有一定的抗阻力的，且这种抗阻力能够帮助他们应对困难的环境。对父母来说，我们的孩子自然可以去学校、幼儿园或者体操协会，只是他们在那里感受的焦虑程度和别人不同而已。也就是说，如果孩子中途回家了，说明他们的抗阻力已经消耗殆尽了，他们已经非常劳累和过度紧张，因此再也受不了一丁点其他焦虑因素的刺激了。因此我们就应该将家庭设置成他休息与放松的地方，这样他才能重新振作起来。

创建一个休息室

将情绪化儿童用棉绒包裹起来，让他不去经历任何普通家庭中的压力，是没有必要和无意义的。孩子往往在每天的学校生活结束时精疲力竭地回到家中，在我们接替照顾他们的工作时，他们的力量和合作能力已经消耗殆尽，这也就是为什么很多父母会感到气愤："我们在家中满心欢喜地等了他一整天，而他却在回家的路上各种抱怨。尽管老师说，他的这一天过得很顺利。但我们只想顺便去买点东西，他就大喊大叫，简直要把商店震塌。"

为了避免这种情况越来越糟，我们需要在接情绪化儿童放学时就把他当作一个只靠着最后一丝气力将自己拽到终点的马拉松选手。在这挣扎的最后阶段，我们还能期望他们陪我们去买晚饭时吃的火腿吗？当然不能，我们需要尽快将他送到家里，放到沙发上，将他们的脚弄暖和并给他们端来一杯茶或者一杯冰柠檬汁。这样他们才能恢复一点力气。情绪化儿童在经过劳累漫长的一天后尤其需要这样的一个恢复环节。只是，要想使得他们恢复，还需要确保他们无需面对任何焦虑因素，不需要满足任何期望以及只需要做自己。

很多情绪化儿童需要在室外，如在花丛中和草地上，才能真正放松，而其他孩子则希望能在自己家中找到一个没有刺激的回避之所。最理想的地方自然就是自己的房间，这里可以满足他们对安静和条理的需求，而且他们也可以在这里安静下来。为了给孩子创造这样一个回避空间，父母需要按照可能引发情绪化儿童焦虑的因素一一检查：墙上颜色绚丽的海报、滴滴答答的闹钟、到处都是的玩具和被堆得乱七八糟的书橱，都可能是造成孩子焦虑的潜在因素。很多父母都有过这样的经历，即在经过一次彻底清理之后，孩子会突然显得非常放松，尽管他从来没有表达过这些书和图片让他们心烦。当然父母不能让孩子感觉到父母只是把房间清空并把所有玩具都拿走了。这样的清扫活动也不能是父母对乱得一塌糊涂的儿童卧室的一种惩罚。与之相反，对孩子房间的改造（这种变化对情绪化儿童往往一开始意味着焦虑）一定要出于友善的原因，即让孩子感受到，你想让他更舒服些，因此做了一些调整，并且打算看看这样是否可行。同时还要让孩子知道，所有的玩具、书和照片并不只是被直接扔掉了，而是被放到了其他地方，如地下室或阁楼里。最后便剩下一间像孩子未出生之前待过的子宫一样的房间。它什么也不缺，什么也不多余。它安静、明朗、有秩序和条理，充满着温和的颜色和温暖的光线，还有最重要的，它能给予孩子安全感。

　　孩子们的房间又乱得像有人把一货车的废塑料打翻了。地板已经被乐高玩具、芭比衣服、拼图、书、笔、CD 和毛绒玩具覆盖得几乎看不见了。而菲利普和爱丽丝呢？他们留下了这一大摊子乱七八糟的东西后转战到起居室继续玩了。我的第一个想法便是，大吼一顿并拿一个大垃圾袋威胁要把所有东西都扔掉，就像我妈妈曾经做过的那样。但是我又深深知道那样做对孩子的伤害有多大。当时我便被妈妈威胁道，马上去收拾房间，否则所有玩具都会被扔掉。然后我就站在一堆混乱之中而不知道该从哪里开始。不，我不能让我的孩子也经历这种痛苦。

这时我想起来前几天偶然在脸书上看到的一篇博客。里面一位母亲讲述了她曾经极端地将女儿房间中所有的玩具一次性清理掉，不是作为惩罚，而仅仅是一次实验。而孩子是什么反应呢？她们竟然什么玩具都不思念。初次读到这篇文章时，我还觉得这实在太极端了，而且还有些过分。但是现在我突然想，我为什么不试试呢？孩子们在这样的玩具堆里肯定也感到不舒服。试一试总是不会怎么样的。

于是我和菲利普、爱丽丝说："今天我们要做一个小实验。我们会把整个儿童房里的东西清空，而只留下一个你们最爱的玩具。如果你们还想要什么其他的东西，我们就进行交换。"孩子不知所措地看着我，但是并不是不情愿，反而热情地帮我将所有玩具装在箱子里。然后我将箱子放到地下室里。我实在是没想到，这两个孩子竟然有这么多东西。仅仅是儿童杂志里的插画便可以放满一个纸箱。当我们忙完时，房间显得明亮多了，也比之前要大得多且通风。当孩子突然很明确地告诉我他们想要回哪样东西时，我还是很惊讶的。菲利普要一箱子乐高，而爱丽丝要一个玩偶和它的衣橱及小床。其余什么都不需要。然后他们就又开始玩耍了。如果他们在游戏中缺少什么的话，他们便会发挥自己的想象力，运用家里已经有的东西，比如用枕头和杯子，搭强盗窝或者公主的城堡，把烹饪木勺当作箭或者魔法棒。晚上打扫的时候只花费了一分钟。而且我也再也没有拿垃圾袋威胁他们的冲动了。

直到后来我才意识到，菲利普和爱丽丝留下的玩具才是他们真正喜欢的，之前屋里堆放的很多玩具其实都是别人的礼物而已，所以不一定是他们真正喜欢的东西。现在那些东西已经在地下室里躺了半年了，而且他们也再没想起过它们。这次大清理之后，菲利普和爱丽丝也没有再要求交换玩具。

海伦妮

强化内心的抗阻力

情绪化儿童对焦虑的反应往往多种多样。对此很多父母都深有体会：晚上在家刷牙用这种牙膏完全没问题，但是在度假时用同样的牙膏他们就难以忍受了；或者在西班牙时还能和其他孩子一起在沙滩上玩耍，但回到家附近的操场上，同样的游戏就突然变得太吵、太疯和太累人了。很多父母都会对此表示怀疑，自己的情绪化孩子怎么突然就对一件之前完全可以接受的事情这么挑剔了呢？他们是不是只是在做戏呢？毕竟这实在是让人难以理解。

其实这里有一个很简单的解释：情绪化儿童对焦虑的敏感度往往取决于其基础焦虑水平。也就是说，他们原本越是焦虑，那么任何一点焦虑因素就可以让他们爆发，这样他们就变得更加敏感和容易受刺激。如果说熟悉的牙膏在度假时突然让他们无法接受，这暗示着，孩子这时候已经因为换了地点而变得异常焦虑了，此时任何一点额外的焦虑都会让他们受不了。反过来，在沙滩上玩耍那么惬意，也是因为他们尚有余力。

情绪化儿童在不同的状态下有着不同的抗阻能力，这也意味着，我们做父母的可以尽量让孩子在开启新的一天时便处于较低的基础焦虑水平。应对高焦虑水平最有效的办法便是满足孩子的生理和心理的基础需求。为了获得应对一整天挑战的能源储备，孩子需要：

足够的睡眠

情绪化儿童往往很难感知到自己需要多少睡眠。白天他们总是过于兴奋，晚上又很难安静下来，没法完全忘记白天的事情。而到了早晨他们睡得最熟的时候，闹钟却又响了。因此，情绪化儿童非常需要父母对他们的睡眠习惯进行监管，并为他们创造一个良好的睡眠环境。下午推着婴儿车外出散步，或者陪着孩子一起听着有声书躺在床上，晚上制订固定的上床时间以及陪伴孩子入睡，都可以帮助孩子真正放松并安然入睡。

健康的饮食

情绪化儿童经常在吃饭时非常不认真，因为他们一直在焦虑地等待着下一次冒险。在玩耍时他们很想用高热量的东西压制自己的饥饿。尤其喜爱那些甜并油腻的食物。从进化的角度讲这是正常的，经常活动的人需要高卡路里的饮食来获取能量。只是，人类的进化并没有为应对当下超市里的食物做好准备。即便是成年人也需要具有一定的自制力才能从薯片和甜点区挪开并在水果蔬菜区停留。而这种自制力则对情绪化儿童更加困难，因此他们也更加需要父母的帮助。这里值得推荐的是家庭聚餐，孩子可以从装有多种食物的营养均衡的盘子里自由选取他们想吃的东西，并且带一些健康的、尽量少糖的食物到学校和幼儿园里。很多情绪化儿童完全可以在固定的时间享用甜点，比如每天下午从幼儿园回来后，和我们一起喝一杯热可可、吃一块小饼干，并向我们讲述他们在幼儿园的一天。如果养成了这种习惯，他们也就不会在其他时间还要求吃甜点了。

体育和活动

大多数情绪化儿童比同龄孩子需要更多的运动，而这种运动求往往无法在上午完全得到满足。因此孩子在下午往往一方面非常疲惫和无精打采，另一方面又非常需要活动。解决这个冲突的一个有效办法便是设置一个日程明确的下午，如先设置一个休息环节，然后是积极的活动阶段，接下来是睡觉前的放松环节。因为情绪化儿童对运动的需求往往超过了他们的父母，因此在制定计划时要兼顾到双方的需求。比如父母可以与孩子约定，让孩子先骑着小车到达一个指定的地方，然后再返回来与父母碰面，而父母在这期间则可以慢悠悠地散步。为了让这个活动更加刺激，父母可以每天用手机计时，这样孩子就可以每天与自己比赛了。一个带有登山墙的游乐场也是很好的活动地点，孩子们可以尽情玩耍，而父母则可以在一旁安静地喝咖啡。当然体育俱乐部也可以让孩子释放他们的运动热情。但是父母要清楚，群体运动对情绪化儿童意味着很多的焦虑。这也解释了为什么很多喜爱运动的情绪化儿童在结束一天的学校生活后，实在不想再参加一个足球队，尽管他非常热爱这项运动。

良好的身体感觉

身体感觉良好对所有人都很重要。这一点对情绪化儿童更为关键，因为仅仅是觉得自己身上别扭就可以让他们的基础焦虑水平达到很高的指标。一个重要的减压方式便是让情绪化儿童穿他们觉得舒服的衣服，而且留他们喜欢的发型，无论是长的飞舞的头发还是实用的短发。很多孩子还会觉得自己的皮肤很紧绷、很痒或者很想去抓挠，即便这种感觉完全没有病理上的客观解释（如神经性皮肤炎）。这种不舒服的原因可能在于情绪化儿童的脸部皮肤较薄，因此常常能感受到很多人都感觉不到的细微刺激。还有一种猜测便是，某些情绪化儿童的心理反应会通过生理方式映射出来，比如瘙痒的皮肤或者不可名状的腹痛。因此，父母需要和孩子一起寻找减轻症状的方式来减轻压力。比如一杯缓解痉挛的茶，一个温暖的樱桃核枕头或者一次令人放松的精油按摩。

情绪也仅仅只是情绪而已

渴望，羞愧，内疚和恐惧。

安全，亲密，幸福。

好奇，兴趣，热情，欲望。

悲伤，失望。

无聊，寂寞。

爱。

恨。

狂怒，愤怒和暴躁。

这些以及更多的情感都是人生体验的一部分。它们注定无法乖乖从命，而是藏于幕后操控情绪，触发行为。它们经常用它们的不可预料性和强烈程度让我们困窘不已。像情绪化儿童这样感情极其丰富的人往往会觉得他们的情绪是让他们人生变得更加困难的敌人。这种感受是很容易理解的，毕竟这些孩子恰恰经常因为自己的强烈情感而陷入困境。因为他们一旦被情感淹没便不再听话、不再言听计从。因为他们强烈的正义感让他们显得太叛逆，他们的暴怒让他们显得没有教养。因为他们的薄脸皮让他们对嘲讽太过敏感，他们的另类让他们与群体格格不入。这样他们本来就非常强烈的感情便被赋予了更多的力量和更具威胁性，变成他们永远无法战胜的力量。

因此父母应该告诉孩子，我们的情绪有时候会很强甚至太过强烈，但是它们也仅仅是我们内心的冲动而已，它们总是会慢慢消退的。比起告诉孩子要平静下来，不应该这么失去自制力，更有效的方法则是，简单地告诉处于强烈情感冲突中的孩子："这只是一种感觉，它肯定马上就会消失的。"

寻找内在的自我

当我们谈论情感时，我们经常运用非常抽象的概念。虽然我们经常谈到一些抽象的概念如：加工、驱散、触发和梦魇，但还是很难用语言讲明，当我们被情绪控制时，到底具体应该怎么做呢？

直接发泄出来？压制住？正视它？还是转移注意力？

首先，了解我们如何应对欢乐、痛苦、孤单或恐惧，可以更好地帮助孩子处理情感问题。第二步则是，询问自己是否愿意将自己处理麻烦情感的方式传承给孩子，或者愿意与他一起学习另一种处理感情的方式。我们提出这个问题自然一定程度上源于我们觉得自己对待不光明情感的方式也有一定的问题。比如让气愤去吞噬我们，以及拒绝说出影响我们的因素，下意识地变得具有侵略性。或者通过吃东西和看电视来麻痹焦虑和悲伤。

而对待情绪的态度要明确，情绪也仅仅只是情绪而已。它们没有好坏之分，它们仅仅就在那里而且应该被重视和尊重。关键的问题在于，这是怎么发生的。因为即便没有被禁止的感情，也有被禁止的行为，也就是那些对他人或者我们自身造成损害的行为。尤其是面对自己的侵略性情感时，我们需要问自己该如何对待愤怒和失望，才能不伤害他人和自己。

作为成年人我们知道处理感情的方式要符合社会规则。即我们可以将愤怒发泄到枕头上，但是不能将拳头打到老板的脸上。我们可以将所有的失望都化为一个邪恶的诅咒，但是不能让它们变成一个耳光。我们可以将所有的情书烧掉，但不能烧掉写情书那个人的汽车。

我们可以通过醒目的图像来让抽象的东西变得可触和可见，并以此来教会孩子以一种真实同时又有节制的、符合社会规则的方式应对自己的强烈情感。比如蒂娜，一个8岁情绪化孩子的母亲，就将儿子的愤怒比喻成一个火箭，它承载着巨大的能量，但同时也有着巨大的破坏力。如果这个火箭不受控制地射出去，便会引发很多不幸。但如果有目的性地利用这些能量，它就可以飞到月球上。通过这个类比，蒂娜就让儿子知道，他的愤怒中蕴含着很强大的能量，通过这些能量他可以做成最伟大的事情，但是前提一定是，他学会控制并有建设性地运用这些能量。比如将能量注入手工劳动、攀爬嬉闹、力量比试和体育项目中。这种情绪转移也帮助蒂娜重新认识自己的儿子：他并非难伺候、易暴怒或者太敏感，而只是一个充满能量的"火箭儿童"。

作为助产士我已经对强烈的情感习以为常了，毕竟在孩子出生之际，将要成为父母的人会爆发出各种情感：激动和期待、恐惧和痛苦、悲伤和绝望、筋疲力尽和亢奋。这些感情经常在某一刻紧紧融合在一起，因此作为助产士的我需要具有很高的敏感性，因为每一种感情状态下的产妇都需要不一样的反馈。

但是当我的儿子降生之后，我几乎还是没能招架住他的强烈情绪。尽管我在一种极其特殊的情况下体验了年轻女性的情感爆发，但是家中有一个每天的情感就像烟花一样的小男孩，这又是另一番体验。尤其是当我看到我的小宝贝如何受他强烈性情的折磨，这对我来说简直是一种折磨。看到他因不能在游乐场和小伙伴一起做游戏而痛苦并试图掩饰掉这种悲伤，可眼泪还是盈满他的眼眶，我觉得自己的心也被撕扯着，因为他实在是太受伤了！

这时我突然想到我经常在助产时对孕妇说的话：如果我们总是试图与疼痛做斗争，那么我们永远都不会成功，因为疼痛总是会更加强烈。但是如果我们完全屈服于它们，那么我们就消灭了它最嚣张的气焰，它们仅仅是流经我们全身，然后痛苦就过去了。

我觉得应对强烈的感情也可以用这种方式。如果我们将悲伤、绝望、痛苦视为敌人，那么我们就只能败下阵来。但是如果我们正视自己的情感，我们就将他们的力量夺取了过来。我们感受它们，然后它们就消失了。

因此我教会我的儿子，不要压制自己的复杂情感，而是有意识地去感受它们，然后放它们离开。我们经常一起做这个短途的思想旅游：你现在有什么样的感觉呢？它是什么颜色的呢？它自我感觉如何呢？有时候，他的愤怒就像一只发光的红色火球，有时候他的悲伤就像一块承重的黑色石头。我们详细地观察我们的情感，感受一会儿，然后就将它释放在空气中。然后，"噗"一声，它就没有了。

安妮塔 / 5 岁嘉龙的母亲

孩子也可以悲伤

很多父母都很难耐心并镇定地面对一个正在生气的孩子。但对很多父母来说更困难的却是应对情绪化儿童无底洞般的悲伤，这些悲伤是那么的沉重和深邃，以至于想要不被一同拉入黑暗中也需要花费很多力气。愤怒是童年的一部分，但是悲伤的孩子在我们的社会中却完全不被认同。孩子一直以来被视为快乐、能量和轻松的象征，而很难与沉重的悲伤挂钩。

很多当下已经成为父母的人在作为孩子时被禁止表达悲伤，因此他们便将安慰不开心的孩子视为自己的职责。这时他们往往会采取最常见的策略，即通过糖果或者电视让孩子分心或者用礼物抚慰孩子，有时候他们也会将他们送到自己的房间里，直到他们能重新微笑地走出来。几乎所有不开心的儿童都会听到大人们说，一切也没有那么糟糕，他们应该平静下来，尤其是大人们总是在说"宝贝不要伤心呐！"

这些好意的信息却让孩子感觉到，悲伤是不被允许的，它是没有一席之地的。但是悲伤却是一种非常重要的情感，每个人，无论年龄大小，都有权利去感受并展示自己的悲伤。因为我们的悲伤不仅向我们展示了让我们当下不开心的事物，同时也让我们更加有意识地认识到我们最在意的是谁，我们生命中到底什么是真正重要的，我们期待什么。由此我们便会为了追求这种最大的幸福感而做好准备。悲伤的孩子最需要从父母那里得到的，是父母愿意和他们一起承受这种悲伤并且共同寻找走出悲伤的办法。

下面的这些话可以帮助家庭解决这个问题：

- 偶尔伤心一下是正常的。
- 我看出来了，这对你来说很困难。
- 我一直都在你身边。
- 现在我们就一起伤心，这是完全可以的。
- 你想告诉我，你为什么这么伤心吗？
- 我能听出来，这让你很伤心。
- 这确实是很可惜／糟糕／可怕／让人失望的事。
- 你想抱抱吗？
- 这让人觉得很不公平，不是吗？
- 你现在需要安慰吗？
- 现在有什么能让你好受一点吗？

自由是生存之灵药

"自己动手做！"这个感叹句使处于自主阶段的幼儿能够更加有力地维护自己的生命权，很容易成为许多情绪化儿童的生活格言。毕竟，他们也认为自己做每件事时最重要的是自己做决定。自己决定自己做什么的自由对情绪化儿童来说是一种特别强烈的需求，他们经常全力拼搏来保障。这对情绪化儿童的父母来说是个大问题。

因为一方面，如果孩子们想为自己和他们的生活负起责任，这当然是受欢迎的；另一方面，我们成年人自然也有照顾孩子的义务，因此，有时为了保护自己或维护家庭和平，也会限制我们孩子的自由。但是，尽管许多女孩和男孩将父母的这种家庭领导角色视为上天赋予的，而且几乎从不质疑地进入青春期，但是在情绪化儿童的心中一早便蕴藏着对这种不公平的反抗：另一个人仅仅因为年龄大一点就可以掌控他们？这是绝对不行的！"我的人生我自己做主！"这是他们内心的强烈诉求。正如丹麦家庭治疗师杰斯珀·尤尔所说："这些孩子中的许多人有着强烈的需求，他们对教育产生了真正的'过敏'。"

然而更有效的解决方法却是，严肃对待孩子对自由和自我负责的强烈诉求，而不是直接将所有责任扔给他们。"行，我倒想好好看看，你能怎么独自处理这个事情！"这是对孩子对争取自决权的努力的巨大嘲讽，而且可能给他们带来强烈的不安全感，即便这种自由是他们一直渴望和争取的。因为即便是极度热爱自

由的孩子也仅仅还是孩子，他们也需要父母的保护和陪伴。只是
对于他们来说，这种陪伴必须以不能让他们感到压抑和拘束为前提。

　　具体来说这意味着，如果情绪化儿童能在生活中尽可能多的
领域为自己承担责任，而不感到孤独，那么他们会感觉良好。因此，
在我们即将剥夺情绪化孩子的个人自由的每一条限制和每一条禁
令前，我们都应该带有批判性地考虑一下：这件事最后依谁到底
是不是那么重要，或者我们对自己原则的坚持是不是只是出于自
己对作为父母而应具有的权威的迷信，尽管孩子实际上完全可以
独立应付一些事情了。

我很自由—— 情绪化儿童如何感受到自己的责任

情绪化儿童很容易受到异端邪说的影响，他们渴望一个能够为他们提供支持和定位的坚实框架。在这种紧张情况下，父母可以根据孩子的年龄和成熟度分配以下职责。

从出生起：宝宝自己决定喝多少奶，喝几次。他表示什么时候需要亲近，什么时候需要陪着睡觉，什么时候需要安静，什么时候需要交谈。父母负责给他们提供奶和食物，睡在哪里，以及如何满足其亲密、后退和刺激的需要。

婴儿期：孩子自己决定穿什么。如果穿着与天气不适宜的衣服，父母要带着换的衣服，以便孩子能在路上换衣服。另外，孩子可以自己决定从提供的食物中选择吃什么，从一堆玩具中选择玩什么。父母应该保证孩子睡眠时气氛祥和宁静，护理工作无可挑剔（包和牙刷等），不是光强调自我的舒适感，而是保持孩子的身体自主性，并在征得他的同意后寻找保持必要卫生的方法。

幼儿园期：孩子可以自己从厨房里拿取食物和饮料，决定要穿什么衣服，换什么发型，以及可以独立和其他小伙伴约定玩耍的时间、地点。父母则承担为他们提供安全的出行、健康的食物、适龄的媒体节目以及睡眠陪护的责任。

上小学期间：这时孩子可以在与父母商定之后，在家庭外部的周围区域活动，可以决定自己零花钱的用途，独自建立和维护友谊，发现和发展自己的爱好，独自选购衣服和鞋子，并可以独自准备一小顿餐食。父母则只需要负责监督他们每天早晨准时起床上学，为孩子做家庭作业营造一个尽量安静舒适的环境，为孩子提供适龄的媒体节目，辅助调控孩子在大众媒体方面的消费和孩子的睡眠时间，等等。

青春期之前：孩子更多地为自己的生理健康、爱好、友情维护、家庭作业和和学习成绩负责。他自由活动的范围进一步扩大。他可以参与决定去就读哪所初中。父母则继续负责监督孩子准时起床上学，并保证他们一天可以闲暇玩乐、及时用餐、完成作业，然后自然而然地结束一天劳作。

青春期：处于这一时期的青少年慢慢需要独自对自己负起责任，比如作息时间、饮食习惯和大众媒体消费等。父母则需要维护家中的秩序，并且永远为羽翼渐丰的孩子提供可以遮风挡雨的港湾。

到外面去

然而，情绪化儿童对自由的巨大渴望不仅局限于被允许或禁
止的事物，他们还抵制任何形式的束缚，比如在家中或者房间里
面他们有时会觉得像被监禁了一样，因为那里往往缺少自由和远
方。因此对于情绪化儿童来说，几乎没有什么比在大自然中——
在树林里、在沙滩上、在群山中或者在丛林里更美妙的事情了。
重要的是，要在室外！无数研究都显示出，大自然对孩子的性情
发展具有极为积极的影响。比如仅仅在森林小路骑车 15 分钟就
可以帮助情绪激动的孩子降低血压。即便只是在室内的踏步机或
动感单车上，荧幕上树林小径的虚拟画面，也可以达到类似的放
松效果。而且在一个真实的、树叶簌簌作响、芳香四溢的森林里，
我们的心灵也会慢慢沉浸下来：压力荷尔蒙会消减，幸福荷尔蒙
被释放，心率和肌肉紧张度下降，情绪会慢慢得到改善，即便最
有活力的孩子在森林里嬉戏玩闹、大喊大叫，也不会引起父母不
满，这与他们在房间、学校或幼儿园里的表现迥然相异。

情绪化儿童在户外玩耍时尤其大胆，有时不得不逼着父母对
他们发布号令："停停停！""别这么野！""小心！"这样就
会造成一种恶性循环，即孩子总是在尝试捍卫自己的自由，而父
母总觉得孩子不听他们的，让自己陷入危险之中。因此，更为妥
当的做法是：父母应该与孩子就攸关性命的安全规则达成一致，
而不必对风险严防死守，苛察细枝末节。须知，擦伤和刮痕正是
自然天性的结果，是童年的一部分。

在森林和草地上玩耍的过程中必须遵守的规则有：

○ 不许攀爬层叠的树干和碎石堆，孩子可能滑倒并严重划伤。

○ 只许攀爬那些足够粗壮的树枝，即树干直径比你的大拇指和食指之间的长度还要粗的树枝。

○ 如果看到死亡的动物可以观察，但绝对不能触碰！

○ 孩子可以自由活动，但是一定不能跑得太远，父母应该能随时听到孩子的动静。

　　一些情绪化儿童放学回到家时往往精疲力竭，这时候只想一边玩着平板电脑一边吃巧克力放松。这种情况下，父母就应该制定一个规则，即孩子只有在和父母一起在树林、公园或者家附近的任意一小块有自然气息的地方散步之后，才可以在家里看电视或者玩电子游戏。这样做带来的另一个愉快的作用便是，孩子每天在户外闹腾数小时后，夜里便更容易入眠。

第五章

一切都是颠倒的：日常生活中的典型挑战

你真的永远都不会累吗？让孩子安然入睡的好方法

　　情绪化儿童的父母经常害怕夜晚的到来，因为对他们来说，将孩子送上床可能是一项技术活。而对孩子而言，仅仅关灯走人也是不行的，因为孩子在入睡之前需要一点小帮助。牵牵小手也是不够的，因为情绪化儿童往往需要生理上的安抚才能平静下来。即便如此，他们入睡往往还需要很长时间。他们在床上翻来覆去，在被子里钻来钻去，就是不安心睡觉。每晚都有无数父母需要无奈地在黑夜里待上几个小时，自己眼皮都开始打架了，但是身边的孩子就是不睡觉。怎么办？

　　想要逃离这夜复一夜的梦魇，首先便是要弄明白：每个人从生下来便对睡眠有不同的要求。没有哪个孩子可以睡得比他身体真正需要的睡眠时间还长。情绪化儿童往往比其他孩子需要更少的睡眠。当他们还是新生儿时，每天就只需睡 14~16 个小时，而这个时期的其他孩子则普遍需要大概 20 个小时。6 个月大的时候，他们每天只要多睡一个午觉就足够弥补与其他孩子的睡眠差距，而 2 岁时他们便可以完全不用在白天补觉了。上幼儿园时，他们需要的睡眠时长几乎和许多成年人差不多了。也就是说，只需睡满 8 个小时他们就能精神饱满。通常，他们晚上入睡困难最主要的原因是根本就不够困。特别是在保姆的陪伴下或在幼儿园里已经睡过午觉的孩子，到晚上 11 点才真正愿意上床。这就是他们晚上 8 点上床，入睡却遥遥无期的原因所在。如果父母能确定孩子真正需要的睡眠时长，这对于解决孩子的睡眠问题将大有裨益。

孩子的睡眠时长在假期里最容易观察，因为这期间没有固定的上床和起床时间要求。如果孩子在前一晚 10 点左右睡着，第二天早上 6 点醒来，那就说明，他完全不需要超过 8 个小时的睡眠。

孩子过少的睡眠对父母来说自然是一种折磨。因为这不仅意味着父母在安抚孩子入眠时大费周折，也意味着二人世界受到干扰，闲暇时光被大大压缩。有时候，甚至会出现父母需要的睡眠时长超过孩子的情况，这时父母就需要轮流值班照看孩子，才能防止孩子一个人在家里跑来跑去。这对单亲家庭来说尤其是巨大的挑战。

需要注意的是，在遇到孩子入眠困难的问题时，互相谴责完全无助于解决问题。入眠困难的麻烦如此令人焦虑，谁也无可指责，怪罪入眠时长较短或无法独自入眠的孩子没有道理，因为他们天性便是如此；谴责疲惫不堪而没精力逗趣孩子或连续数小时陪伴床头的父母更不合情理，因为他们也是血肉之躯，精力有限。因此，最重要的是，跳出争论区，共同寻找合理方案来解决各种不同需求。下面列举的一些策略已经成功地帮助了部分情绪化儿童与他们的父母解决入眠困难的问题。

自主决定睡眠时长

情绪化儿童对自己什么时候困倦往往有很强的感知力。父母如果能够按照他们的睡眠时长来确定入睡时间，他们会出乎意料地配合。许多家庭的具体操作如下：孩子在晚饭后先刷牙并穿上睡衣，但是不需要马上睡觉，而是被允许可以继续做游戏或阅读，直到他们自己提出需要睡觉的要求。这不仅可以避免父母在要求孩子"准时入睡"时损害亲子关系，而且有助于孩子在自己选择的时段更快、更有规律地入睡。当切换到由孩子自主决定的睡眠模式后，初期孩子可能在起床方面有一定的困难，因为他们往往想尽情享受不必被强制入睡的夜晚，充分利用这突然多出来的娱乐时间，但慢慢地他们会自然按照需要的睡眠时长调整到适合自己的作息时间。但这也需要孩子具有一定的自制力。即孩子不仅要知道自己何时需要睡觉，而且也要愿意承认这点，尽管这意味着要结束游戏。某些孩子直到小学高年级才有这样的自制力，而另一些孩子则在两三岁时就可以为了睡眠需求放弃玩乐了。

用休息时间代替睡眠时间

没有人能被强迫入眠，但通常设置固定的上床时间对那些很难靠自己安静下来的孩子大有裨益。然而，前提必须是父母不能强迫孩子在某一时刻一定要睡觉。与此相对，父母可以与孩子订立某种"君子之约"，即到了一定时刻孩子还可以在床上听有声书或者阅读，但是不能再做剧烈运动。有时候情绪化儿童感觉到他们必须要睡觉时反而能更容易入睡。

睡前梳理白天累积的情绪

一些孩子白天生活丰富多彩，幻想无穷，入夜之后，许多想法和感觉依旧萦绕在脑海里，彼此之间缠绕、击撞、化合，以至于他们辗转反侧，久久无法入眠。这时，父母需要搞一些睡前仪式来帮助孩子舒缓情绪、关闭感觉通路。因年龄而异，睡前仪式亦有不同。年龄大些的孩子可以将白天的经历记在日记本中，而年龄小点的孩子可以将仍在活跃之中的想法画在纸上，或者口述出来请父母代为记录。有时，父母也可以象征性地将一个"吃恼兽"①放在孩子嘴边，以示消除心中烦恼，或者做一个"藏恼箱"，帮助孩子收藏日常想法。然而，最有效的方法还是"围床夜话"。

这时，父母应该仔细倾听孩子的想法，而不是教导他们该怎么做，认真体验他们的感觉，而不是对此指手画脚。这些想法和感情对我们的孩子都是实实在在存在的，为了防止情感积累到不可控制的程度，必须预先让他们说出来。还有，不要试图马上找到所有问题的解决方案。这并非问题的关键，关键是要倾听、理解和共情，分担孩子过重的感情负担，而不是提出所谓的指导方案来加重他们的心理负担。

营造容易入睡的氛围

不是所有情绪化儿童都能感知到自己需要多少睡眠。有些孩子太容易激动，尽管他们很需要睡眠，却依然很难独自入睡。这些孩子常常情绪不佳而且挂着厚厚的黑眼圈，但无论如何，他们

---

① 这里指一种毛绒玩具。——译者注

都不让别人送自己上床。但如果下午开车载他们一段，他们却马上就能在后车厢睡着，你看，他们原来如此困倦。对于这些孩子，父母有责任在他们困倦时帮助他们入睡。但这并不意味着可以用武力强迫他们上床，而是为他们营造容易入睡的氛围。比如，将一些不愿意在家中睡午觉的宝宝放在婴儿车里或者宝宝背带里，让他们小睡一会儿，或者让他们晚上在沙发上眯一会儿。很多孩子更喜欢盖着厚毯子入睡。关键是，父母不要总是指责孩子调皮玩闹，认为睡眠不足都要怪他们自己，而应该为孩子提供适宜的睡眠氛围，让他们获得身体需要的睡眠时长。

制订一个固定的入睡流程

情绪化儿童对日程方面的变化极为敏感。调节行为并不属于他们的强项，尤其在他们比较累的时候。但这无疑让父母颇为头大：先刷牙再洗脸或者先洗脸再刷牙不是没多大区别吗？

但对一个把世界看作是一团乱麻，而把对这种日常生活中的程序化行为视作自己安全与依靠的儿童来说，性质可就完全不一样了。为避免不必要的眼泪和失望，我们可以为睡前仪式确定一个行为顺序：比如先洗澡，然后换上睡衣，接着刷牙，抹脸，最后是听床头故事。最为关键的是，父母无须通过这些顺序控制孩子，而是要认识到哪种顺序对孩子重要。

入睡陪伴

在西方文化传统中，我们总认为孩子应该尽量从小便习惯一个人入睡，这有助于孩子养成独立自主的性格。但这一要求对大多数孩子来说都比较困难，尤其是对情绪化儿童来说，他们更容易激动，更难独立管理个人情绪，因此，独自入睡对他们来说可谓是一个不小的挑战。仅仅闭上眼睛眯一会儿对情绪化的儿童就尤为困难。他们的身体和心灵被太多情感包围，以至于一天将要结束的时候也无法释放。要求这样一个容易激动又疲惫的孩子经过一套简单的睡前仪式就独自入睡，无疑是一个过高的要求。因此，父母可以通过爱意满满的陪孩子入睡的行为来告诉他们，其实入睡也不是什么可怕的事情，并且可以依据孩子的不同年龄特性定向采取对应的陪伴模式。

比如，多数宝宝在妈妈喂奶时或者躺在摇篮里便能入眠，一些儿童则需要身体接触，需要父母温柔的按摩，或者有一只手搭在他的肚子上；另一些孩子只要爸爸妈妈在房间里便够了。到底需要多久的陪伴方能入眠，通常因娃而异，一些情绪化的儿童在3岁时便有一定的自我冷静能力，在进行完睡前仪式后自行入眠。当然，也有10岁大的孩子还需要父母陪在身边哄其入梦。这并不能说明孩子缺乏自立能力，在一些文化中，孩子直到青春期都是在父母的保护下入睡的，一直持续到自己组建家庭。

放松与带宝宝并不冲突

对许多父母来说，只有当孩子已经上床了，他们才能真正地放松下来。即便孩子只是在一旁安静地玩耍，他们也不能完全解放。如此，我们就更能理解陪伴情绪化儿童一天的难处了。对于情绪化儿童来说，如果他们在入睡前需要父母的陪伴，却遭到疲惫不堪亟需休息的父母拒绝，这时他们就会变得更加黏人，以确保无论何时父母都乐于陪伴在自己身旁。那么，我们是否可以调整一下看问题的角度呢？为什么孩子醒着的时候我们就不能放松了呢？为什么我们就不能尝试着寻找一个在宝宝身边也可以放松的方法呢？

当然，我们带孩子是无法得到像不带孩子时那样的自由，但有一些事情还是完全可以做到的。比如，当孩子在地板上玩拼图时，我们可以喝杯红酒；也可以和孩子一起看一部温和的电影；还可以一边推着宝宝，一边和伴侣手牵手地漫步。关键是，我们不要在潜意识里给自己设限：只有孩子睡着了，夜晚的自由方才开始。而是积极寻找孩子在场时也能放松的方式。因为孩子不能永远成为我们注意力的焦点，自然也不能期待，当我们想休息时，他们可以安静地待在一边，一点乱子都不出。

借助相同的呼吸频率入睡

情绪化儿童往往因感情过于丰富而很难安静下来。这从他们的呼吸频率中便可观察出来，即便在疲乏时他们的呼吸也短暂急促。万幸的是，孩子的呼吸中枢决定了他们的呼吸频率可以与父母的同频。我们可以通过悠长静谧的呼吸来帮助孩子安静下来，而不是焦躁地等待着入眠时刻。我们只需：

吸气——呼气。

吸气——呼气。

在黑暗中，不必说话，也不必做什么。

我们只要躺在他们身边缓缓呼吸即可。直到孩子的呼吸频率调节到和我们一致，然后睡着。

将入睡陪伴同时当作自己的休闲时光

陪伴自己的孩子入睡，牵一会儿他的小手，或者抚摸一下他的头发，对很多父母来说都是美妙幸福的。但如果每天晚上都需要花费一个小时或更长时间陪伴孩子入睡，那么父母就会觉得自己的闲暇时光被大大压缩了，因而抱怨为什么自己的孩子不能像其他孩子那样独自入眠。但是这种怨怒会带来一个问题，那就是父母难以抑制的坏心情，那种压制的愤怒和侵略性往往也会被躺在旁边的孩子感受到，以至于他们在感受到这种情绪后很难真正入睡。这样就形成了恶性循环。

一个有效的解决办法是，我们在晚上陪伴孩子时也可以自己做一些事情。孩子需要身体接触才能入睡？没问题。但我们也可以同时让自己舒服点。比如听点音乐，当然一定得戴耳机。或者可以在电子阅读器或者手机上阅读点东西，当然要调成夜间模式。这样可以缓解希望孩子尽快睡着的压力。而且这也可以让孩子感觉到父母陪伴的同时，不必为占据父母的时间而自责，因为父母在陪伴他们的时候自己也是放松的。

父母的夜间陪伴

情绪化儿童往往睡眠很不踏实。与其他孩子相比，他们在夜里经常醒来，尤其需要陪伴，而且也更经常做噩梦，害怕黑暗。

为了避免夜晚造成他们的恐惧，他们需要长时间的身体接触来确保他们并不是一个人。婴幼儿宝宝在父母床上时能最直接地感受到这种安全感。而大一点的孩子当知道他们夜里有紧急情况时可以随时溜到父母那里，他们也就敢于一个人睡了。被父母锁在卧室之外对孩子们来说是一种可怕的经历。他们到哪里能找到安全感呢？为了让孩子有一种时刻被爱的感觉，父母需要向孩子展示，无论在白天还是黑夜，父母都一直为他们敞开大门。这并不意味着我们需要半夜起床陪他们玩耍，而是让他们可以一直感觉到我们的陪伴。父母应该让孩子知道，夜晚睡在父母的床上不会有任何不良后果，这只是孩子依赖父母的表现。而孩子在父母身边感受到安全和被保护不正是我们一直以来最大的心愿吗？

在别处睡觉

有的孩子在一岁之前便可以时不时地在祖父母那里过夜，三岁时便可以充满激情地去幼儿园的伙伴家里过夜。但是情绪化儿童往往不行，他们往往需要数年时间来克服不在父母周围睡觉的不安全感。对父母来说，这种等待尤为痛苦。尤其当他们特别需要二人世界的时候，或者经常从别人那里感受到，他们的孩子真到了可以在外过夜的年龄了。对此，拒绝外出过夜提议的那些孩子也只是客观地评价自己能之后才做的决定。一个情绪敏感且需要最亲近的人帮助方能安然入睡的孩子，即便是说"不，没有我的父母，我哪都不去"，他们也仅仅是在做一个理由充足的决定而已。这时父母绝对不能强迫孩子去接受这种在外过夜的挑战，不管别人如何好心鼓励，也要时刻站在孩子的身后。这样，孩子就会慢慢自己产生想要在外面过夜的想法。幼儿园或者小学阶段的情绪化儿童在如何帮助自己成功并舒服地在外过夜方面尤其具有创造力。他们能慢慢习惯一个人与抱抱熊玩耍，当爸爸妈妈在厨房里做饭时练习自己入睡，或者在想家时通过唱歌来驱赶忧伤。我们应该支持孩子的这种尝试，而非强迫他们提前完成还没有准备好的挑战。一旦时机成熟，他们在家里获得足够的安全感之后，即便是情绪化儿童也可以顺利地去参加班级郊游或与朋友们一起庆祝节日。

为什么吃饭像打仗一样？缓和喂养闹剧

迷恋母乳

所有孩子都喜爱喝奶，但是情绪化儿童尤其依赖妈妈的乳房。无论白天或黑夜，他们似乎都离不开妈妈柔软的身体和甘甜的乳汁。这对母乳喂养的母亲来说是一个巨大的挑战。虽然恰当的做法是按照宝宝的需求而非按照时间间隔喂奶。可如果宝宝一直想要吃奶该怎么办呢？作为一名哺乳咨询师，我经常遇到这种情况。每当遇到这种情况，我总是会告诉妈妈们：按照需求哺乳，这不仅意味着要关注宝宝的需求，同时也要关注母亲的需求。

当然我们的宝宝最清楚他们什么时候饿了，因此我们必须在他们吧唧小嘴时就进行哺乳。但哺乳不仅仅是喂奶，也是对宝宝的抚慰和爱护。我们应该记得，情绪化儿童因为其特殊的脑部构造而对安全感有一种特殊的需求，由此我们便也完全可以理解，为什么他们不想离开妈妈的乳房：世界上没有第二个地方能让他们更加安心地消化纷繁复杂的大千世界所带来的刺激了。

然而，这并不意味着他们对亲近、依赖和安全感的要求就不能在其他地方被满足，比如在爸爸的宝宝背带里。如果你的宝宝是一个"恋乳小鬼"的话，你也完全可以根据情况降低哺乳的密度与强度。宝宝可以在饥饿时获得母乳，也可以在不饿的时候从母亲那里获得温柔的抚慰（不用担心，无论喝多少母乳，宝宝都不会撑到的）。如果宝宝吃饱了，却因渴望亲近而不愿离开妈妈的乳房的话，妈妈就可以拒绝这一要求，而且要教会孩子可以通过其他方式获得亲近和安全感。孩子越大，就越应该这样做。情绪化儿童需要经常性的哺乳，正因如此，母亲会在直觉上花费很多的时间和精力哺乳，这样她们就很容易忽视自己的需求。哺乳，尤其是对情绪化儿童来说，绝对不是一条单行道，而应该是一种双向的关系调和。

我不想吃

由于宝宝特别喜欢母乳，很多父母希望通过辅食喂养来改善这种情况，或许这能让我们的宝宝吃得更饱、更满意呢！可一经尝试，多数父母很快就会感到失望，他们会发现，宝宝虽然总是感觉饿，但除了母乳并不想吃其他东西。美味可口的辅食送到宝宝嘴边，却被一次次地吐出来，遭受宝宝坚定的拒绝。其背后隐藏着一个社会现象：传统文化总是习惯在宝宝生理还没准备好之前就尝试为宝宝断奶，尝试辅食喂养。可是情绪化儿童非常特殊。他们通常要比其他孩子晚两三个月才开始接受辅食喂养。即便如此，他们在饮食方面也更加挑剔和保守。因此，如果情绪化儿童在他们过一岁生日时，每日所需 90% 的热量还来自母乳，剩下的则是来自一根根的面条，这完全不是一件稀奇事。

情绪化儿童对母乳更强的依恋一方面源于，哺乳可以抚慰他们的情绪。他们每次吮吸母乳时也摄取了一份亲近，这对管理他们的紧张情绪大有裨益，而胡萝卜泥显然做不到这一点；另一方面，情绪化儿童对所有食物的内外纹理都具有敏感的觉察能力，有些儿童无法忍受半流质且略显黏稠的食物，另一些儿童则容易被小块食物噎到。为了不让辅食喂养计划从一开始便付诸东流，我们必须避免施压，并知道，宝宝自己最清楚他们最需要的是什么。美味新鲜的牛奶、细腻温柔的陪伴以及爽滑可口的稀粥或家庭饭桌上的固体食物，或者两者结合起来。我们不应该强迫孩子，不应该烦躁，也不应该总是嚷嚷"你倒是吃点什么呀"。与之相反，我们可以把宝宝放在高脚椅子上，为他提供各种可挑选的食物。这有助于情绪化儿童战胜对饭桌上新奇和陌生食物的恐惧。毕竟，只有如此，他们才能与父母一同享受吃饭的时光，而他们同时也能够像在妈妈的乳房上一样感受到亲密和温情。

挑食者

情绪化儿童往往在婴儿时期结束很久后仍是个挑食者，他们很清楚一顿令人享受的饭菜应该是什么样子的。有些孩子可能从来都不会碰盘子里的各种食物，另一些则可能同时需要很多小盘子，以确保土豆不会被西蓝花"污染"。这对大人来说简直是个不可理喻的"怪癖"，但这恰恰是情绪化儿童针对大人要求所做的一种妥协。他们知道，我们想让他们尽量摄取多样的食物，但他们自己更想一次只吃一种食物，以确保嘴里的味道一直不变。如果孩子有这种特殊需求，父母们不必担心孩子会养成什么不好的习惯，恰恰相反，将多种食物依次放在盘子的不同位置是孩子想出来的两全其美之策，尤为值得称道。父母如果答允，他们便不会闹矛盾，相反有一天也许会被好奇心战胜，主动尝试一下面条配酱。

不要再让孩子"就尝一口"

情绪化儿童非常清楚自己喜欢或不喜欢吃什么。面包、西蓝花和皮上没有黑点的香蕉？很好！酸奶、布丁、米饭？绝不！这让许多父母特别抓狂，尤其当他们的孩子从一开始就抵触某些事物，连尝都不尝，这样怎么知道自己到底喜不喜欢吃呢？按照这种思想，很多幼儿园和家庭开始推行一种"就尝一口"的做法，也就是让每个孩子对每种食物都至少尝一口。表面来看这是一个无可厚非的要求：就尝一汤勺的牛奶甜饭又有什么大不了的呢？

然而，持有这种想法的人往往不理解，一个孩子对某种特定食物的内在抵触会有多强烈。许多人连闻到某种食物的味道都会产生强烈的反感，而情绪化儿童的这种感觉则要更加强烈。即便是强迫他们去尝一口普通食物，那种残忍程度也完全不逊于强迫我们吃一口我们完全抵触的食物。这种"就尝一口"的行为不仅过分，更容易起到适得其反的作用。根据实验结果，"就吃一口"只会加剧孩子对特定食物的抵触，甚至导致孩子以后再也不会喜欢这种食物。

当父母担心孩子的饮食问题时

孩子挑食问题经常会引发父母强烈的担忧：我们的女儿真的能获取身体需要的所有营养成分吗？我们的儿子看起来那么苍白，而且瘦到可以数出具体有几根肋骨，这正常吗？结果便是很多父母一夜之间变成了医生，开始指导孩子如何健康饮食。比如，他们会要求孩子每天吃一些水果。但研究发现，作为父母，我们对孩子饮食状况的认知往往不准确。儿科医生们几乎会断言：大部分被送来检查的孩子身体都很棒，饮食营养。因此，与其在饮食方面强迫孩子，倒不如确认一下我们的害怕和担忧到底有没有必要。比如我们可以给孩子测验一下血液，这样我们就可以知道这些不爱吃水果和蔬菜的孩子到底缺不缺维生素，也许他们虽然瘦，但就是非常健康，因为他们仅从苹果汽水中就能够获取足够的维生素呢！

我不吃动物

香肠是怎么来的？这样的问题总是让父母们很为难。他们难道真的要让孩子面对这样的事实，即为了制作他手中的火腿面包，一只活蹦乱跳的小猪就必须要死去。可如果不告诉他真相又能如何呢？说谎？好像也不太对。故而，很多父母就会含糊其辞，用关于家禽和走兽的说辞来应付。这些说辞有时候很奏效，因为孩子从父母那里不仅需要学习追根究底的品质，还应学会对某些话题缄默不语。他们需要感知到哪些话题是禁忌，也会慢慢懂得有一些事情他们其实并不想知道。这源于我们的自我保护心理，这项特殊能力能够让我们尽量在情感上避免那些会让我们感到痛苦或不自在的事物，以确保我们可以自在地继续生活，即便潜意识里知道，世界当下正在发生不好的事情。这种自我保护机制对我们的心灵健康极为重要，因为它能确保我们不会因为不堪负载而心力交瘁。当然这种保护机制背后也隐藏着一种危机，即无视所有与我们没有直接关系的事物，导致对他人苦难的熟视无睹。

　　大多数人会在人生过程中慢慢锻炼出同情与自我保护的平衡。即我们不能对他人的苦难熟视无睹，但也不能让其撼动自己的生活基础。当我们听到非洲饥荒的新闻时，可能会捐些钱，但是依然会好好享受美味的晚餐。我们从人行道边的乞丐身边走过时也不会感到良心不安，不会细想餐盘中的肉排从何处而来。

　　也就是说，我们会选择被哪些事情感动，以及出于自我保护而主动忽略某些事情。

　　但情绪化儿童却没有这种选择能力来进行自我保护，这也就是为什么别人的痛苦往往会引发他们强烈的情感共鸣。他们会对所有接触的事物都欣然悦纳，富于同情心以至于对别人的痛苦感同身受。他们不能理解，为什么有人可以冷漠地从一个忧郁哀伤的人身边从容走过。他们也难以接受，父母在看到一则关于罗马尼亚受苦儿童的报道之后可以直接关掉电视，然后心情愉悦地布置饭桌，就好像什么都没有发生过一样。当然，他们的同情心也不限于对我们人类。他们不敢想象每天有多少动物会被宰杀，只是为了被送上人类的餐桌。

　　这让很多家庭都苦不堪言。因为情绪化儿童会迫使家庭成员去面对一些他们不想面对的问题。结果就是情绪化儿童感到被家庭成员晾在一边，然后开始怀疑他们强烈的同理心是否正确。而事实上，只是我们自己在涉及这些话题时压抑住了内在情感。

　　尽管这些话题会让我们感到不舒服，但孩子有权得到真诚的回答，并且我们需要控制自己可能给他们造成的不舒服的感受。也就是说，我们绝不应该在关于肉和火腿的来源方面欺骗自己的孩子，无论他们多小或者多么敏感。同时，我们也不应该危言耸听，通过夸张的描述让孩子受到心灵创伤。没有哪个孩子必须观看屠宰场的视频，来获知维也纳香肠①的来源，即便他们的父母是素食主义者。作为父母对孩子最好的支持便是，即便遇到让我们感到不舒服的话题，也不该隐藏内心对这些话题的不良感受。而且我们应该告诉他们，无论如何，他们都可以在家中表达自己的想法。现实生活中有许多成年人也不吃肉食，甚至避免任何动物制品，这一事实会让情绪化儿童感到自己不再孤单，他们不再认为，存在如是感受只因为自己还是孩子。由此大大减轻内心负担。一些孩子长大后也会变成素食主义者，另一些则会找到一个避免良心不安来食用肉食的方法。父母只要表示自己对他们选择的尊重便是对他们最大的帮助（不用担心，素食主义的生活方式不会影响孩子的正常成长，纯素食主义者仅仅需要补充特定的营养元素）。这个做决定的过程往往充斥着绝望与泪水，父母想要确保在饭桌上不大发雷霆也殊为不易。如此，我们就更能明白，孩子此时承担的心理压力有多大。他们不是在放大事件，而确实正处于这件大事的中心。他们的内心冲击恰恰像一个食肉的成年人恍然间发现自己的家人都是食人族一般。此情此景，易地而处，试问我们又如何想呢？

---

① 德语区常见食物。——译者注

情绪化名人：阿尔贝特·施韦泽（Albert Schweitzer）

作为牧师的儿子，阿尔贝特从小就被教导要博爱。但是令其父母感到惊奇的是，阿尔贝特不仅对人博爱，并且将这条准则应用到动物上。哪个孩子会因为看到一匹跛马被主人用鞭子赶到屠夫那里而长期做噩梦？哪个孩子会因为他的朋友建议和他一起用弹弓打小鸟，就故意打偏，尽管如此还是会饱受良心的折磨？

埃尔贝特确实是个特殊的小孩，他一方面有着温柔的性情，内向又安静，另一方面却是个十足的暴脾气。但是他又可以控制住内心里隐藏的令自己都惊讶的暴怒。他后来讲述过："我曾经对游戏有一种可怕的执念，如果别人不像我那样全身心投入的话，我会大发雷霆。在我9岁或者10岁的时候，我曾经打过我的姐姐阿黛尔，仅仅是因为她在游戏中漫不经心地让我非常容易地赢了一局。从那时起，我便开始恐惧自己对游戏的痴迷，并慢慢放弃了所有的博弈游戏。"敏感、冲动和强烈的正义感一度令他颇为苦恼，直到他找到了可以为之奉献一生的事业：在原始森林的中间地带建立一家医院来帮助那些没有能力获得现代医学治疗的病人。于是这位神学院毕业的资深传教士再次回到学校学习医学。他通过教授钢琴来资助他的医院梦想，最终他和妻子一起在兰巴雷建立了一家丛林医院。此举令他举世闻名，而保护生灵的热情也转化成推动他不断前进的动力。他的一生不仅同情同胞，而且爱护动物。这位诺贝尔和平奖获得者不仅反对核武器竞赛和战争，而且直至生命结束都是一名素食主义者。

快点穿上你的衣服！衣服对健康的重要性

穿衣、脱衣、换衣，很多人几乎难以想象，这些日常琐事对情绪化儿童的父母来说会是多么的令人焦虑。很多人会想，给孩子套上一件 T 恤、穿上一条牛仔裤到底有何难处？然而，对于情绪化儿童来说，他们不仅喜怒哀乐更加强烈，而且他们对身体表层的感受也要比其他孩子敏感得多。也就是说，接触皮肤的每一块布料都可能是一个潜在的问题。毕竟衣服容易摩擦和刺激肌肤，造成皮肤不适，衣料可能太硬、太软、太厚或太薄。这些都可能让一个对什么都极端敏感的孩子抓狂。这也就是为什么许多情绪化儿童一开始都是裸体主义实践者，他们甚至愿意永远满大街裸奔。

> 从前我没有孩子时，总以为隔壁有人在杀小孩。如今我明白了，邻居只是在给小孩穿睡衣而已！
>
> **——推特用户**

如何舒服地穿衣

当孩子非得把早晨穿衣服这件事弄得很复杂时，许多父母往往表现出不耐烦。毕竟早上时间紧迫，刚起来睡眼惺忪，桌上咖啡倏然变凉，少有人愿意在给孩子穿衣服上花费 20 分钟。"怎么他也得穿上"，一番折腾下来，父母只能使用武力给那个暴怒的连手脚都用来抗议的孩子套上衣服。这对所有参与者来说都是一种开启新一天的可怕方式。然而，即便是对情绪化儿童，穿衣服这个大麻烦也完全可以找到一个更加方便可行的解决办法。父母需要跳出圈子，不再将穿衣服视为一个激烈博弈，而是将它视为一个孩子表达真实情感的方式。

解决问题的第一步便是自己亲自体验整天穿着让自己非常不舒服的衣服的感受。想象一下，我们如何能忍受穿着一条紧身裤、一件黏糊糊的高领毛衣以及一双又热又扎人的羊毛袜在办公室里坐上一整天呢？而这正是很多情绪化儿童的真实感受，即便他们出门时穿的是普通的牛仔裤和棉布长袖 T 恤衫。质疑他们的感受（比如说"你的衬衫非常软呀"）毫无意义，毕竟每个人的感官敏感度都不一样。而这恰恰也是解决"穿衣之战"问题的关键所在。

孩子对衣服的感觉可以帮我们找到适合他们的衣服。对很多孩子来说，带松紧带的运动裤要比牛仔裤舒服，薄围巾比厚围巾舒服，拳击短裤比紧身三角裤舒服（这点同样适用于女孩），船袜比长袜舒服。为保险起见，每次可以多买几件孩子最喜欢的衣服，避免唯一一件孩子可接受的毛衣恰好在洗衣机里，如此一来便能为孩子留出足够的穿衣服的时间。如果孩子早上自己穿衣服还是感觉困难，尽管他们已经"不小"了，我们也可以把他们抱到腿上，充满怜意地慢慢帮他们穿上衣服。在孩子遇到困难时帮助他们，不会让他们变得依赖，而是会让他们有安全感。因为他们会感受到，我现在这样就可以了，如果有困难，我也可以接受别人的帮助，无论我有多大。

告别、分离、重新开始：缓解过渡困难

过渡对于情绪化儿童来说是一个巨大的挑战。它可以是早晨去幼儿园之前与父母的告别，课堂上被分到一个新的小组，度假或者寻常的日程变化。也可能是妈妈每周二去健身房而这段时间奶奶过来照顾他，但是奶奶的体味和妈妈的闻起来不一样，她读童话故事的氛围也不一样，这会把一切都弄乱。情绪化儿童对过渡的敏感度会让许多父母抓狂，因为这可能会让他们精算到秒的日程安排全面泡汤。比如本来 5 分钟后要送孩子去幼儿园，但是孩子过了 20 分钟还是不愿意离开，这该怎么办？

首先我们必须学会理解，为什么情绪化儿童难以接受细微变化。如果所有的感官感受都改变了，那么他们就要面对一个实实在在的问题了，这并非夸大其词。因为情绪化儿童对所有改变都有一种细致入微的感知。天气冷暖、回音高低、踩地板的感觉，一切都躲不过他们的察觉。这不仅意味着生活中的大变化（如孩子需要上幼儿园了），任何日常细微变化都会引发他们的情感波动。电视时开时关，是一种改变；脱衣服并换上一件感觉完全不一样的衣服，也是一种改变。所有这些改变，无论多不起眼，都会在情绪化儿童心里引发强烈的抵触反应。我们不应该暗示孩子这么做太累人、黏人、难伺候、能力欠缺，而是应该让他们知道我们很肯定他们在面对这些改变时所做的努力。比如告诉他们：

○ 我知道让你待在幼儿园很难，但是你能做到真是太棒了！

○ 奶奶确实和妈妈不一样，比如送你上床的方式也不一样。
也许我们可以列一张单子，来告诉他们应该注意哪些问题。

○ 宿营地确实和家里非常不一样。但只要我们尽量习惯一
下，这里也是很美的，不是吗？

○ 爸爸突然去接你，对你来说肯定是一个惊喜吧！我原来准
备早点告诉你的，但工作上突然有急事。你们能一起度过
一个美丽的下午真好！

○ 因为我姐姐来拜访我们，所以你要临时在另一间房间里睡
觉，这对你来说确实不容易，我很理解。

　　有时候，传达这些信息对情绪化儿童来说就是一种情绪上的
缓解，因为他们知道其他人对待这种变化时也不是那么容易接受
的。当然他们也会问自己，是不是自己有哪里不对劲，为什么对
变化这么敏感呢？然后，他们就会认识到，其实许多人都有这种
感觉，而且需要十分努力才能适应，所以，这并不是什么丢人的
事情。让孩子们明白这点，已十分难能可贵了。另一个应对变化
的方法便是，制订灵活的日程并记录孩子的日常活动，它们能帮
助孩子在日常生活中找到自己的定位。应付变化最好的方法就是
在日常生活中预留出一些缓冲时间。我们可以多花一些时间来缓
解孩子过渡期的焦虑，同时又不会因此而耽搁日常要处理的事件。

缓解过渡期困难的方法：

1. 制订一张清晰的日程表：情绪化儿童通常是一个移动的"混乱制造机"，因此让他们知道有一些"不变之物"可以依靠，就显得尤为重要。我何时起床？何时吃早饭？何时去学校？何时玩耍？何时看电视？何时睡觉？如果这些日常活动都清清楚楚，而且日复一日地重复，那么孩子就能如扶栏杆般依循日程表行事。

2. 为过渡期制订一个计划：为做好过渡期的准备，可以制订一个非常详细的计划，具体到何时做何事。例如，我们开车送孩子去幼儿园，停车于屋后，走进房间，脱下孩子的外套挂在红色的挂钩上，然后一起去找老师，跟她打招呼。让他们确切地知道每一步会发生什么，这有助于帮助他们在情感上为新的一天做好心理准备，可以更容易地控制过渡期。

3. 马上就出发：在发生变化前几分钟给孩子一个预告，有助于情绪化儿童为即将到来的变化做好准备。其中，最关键的便是对时机的掌控。如果提前数小时就告诉孩子今天要去看儿童医生，这只会使得孩子在出发前的几个小时里紧张不已、四处乱跑。然而，如果在即将出发时才告诉他，抗拒又在所难免。因此，在出发前5到10分钟时告诉孩子接下来的计划，对大多数的孩子而言最是相宜。

4. 暗示他们可以结束当下正在进行的事情：对于很多孩子来说，在过渡方面最困难的是他们当下没有完成正在做的事情。比如他们正在幼儿园里搭强盗洞，但是爸爸突然站在门口，要马上带他们回家。又比如孩子刚要用乐高堆起"世界上最高的摩天大厦"时，父母突然决定带他们去购物。为了避免孩子心情沮丧，我们不仅需要提前5到10分钟告诉他们接下来的计划（比如"我们10分钟后要去做牙齿矫正哦"），同时还可以暗示游戏应该结束了（比如说"建筑工人们现在要去休息了，明天他们才能继续工作哟"），防止孩子们感到自己被强制从游戏里拽出来了。

5. 为过渡预留出时间：与情绪化儿童相处，十分重要的一点便是时间表不能过于紧凑，也就是说不要把事情安排得环环相扣，而是尽量预留出一些空白区段，以便孩子能在此期间没有压力地切换，适应新状况。

6. 最小化改变：我们应该知道，生活中的很多细微变化，比如开关电视机、变换楼层或者换衣服，对于情绪化儿童来说都会造成焦虑，因此父母可以通过尽量减少改变的频率来减轻情绪化儿童面临的压力。比如每天设置固定的看新闻的时间，而不是断断续续地开关电视机，或者早上给孩子穿好适合其一天活动项目的衣服，这样他们就不必为换衣服而烦恼了。

这样可交不到朋友！陪伴情绪化儿童应付社交挑战

每个父母都会希望自己的孩子能在一群孩子之中开心地玩笑打闹。但是对于情绪化儿童来说，这种乐趣并非理所当然。虽然他们是热情、风趣、长情的玩伴，但是情绪上的不稳定、固执、偶尔暴怒和疯狂，以及对场地的挑剔都会让他们在游乐场、幼儿园和公园备受冷落。特别是他们那过剩的精力会让父母或其他人觉得他们简直就是皮糙肉厚的"小魔头"。然而，这些小魔头内在却隐藏着一颗敏感、易受伤的玻璃心，这确实令很多人难以想象。对情绪化儿童的父母来说，他们的孩子能在游乐园或幼儿园和小伙伴一起玩耍绝非意味着他们可以轻松一下了。因为他们知道，如果太多新奇的想法一股脑涌入孩子的小脑瓜，他们随时都会出乱子；如果他们感到无聊的话，又会把精力放在搞破坏上。

如果大人们插手游戏，他们则会尽一切努力来反对；可是如果气氛不融洽，又没有大人在场调解矛盾，则这些易受触动的小心灵可能要经过好长一段时间才能恢复。这些担忧在很多父母看来可能有些夸张，孩子们之间的吵架又算得了什么呢？这不是他们成长过程中必须经历的吗？当然，没有人会否认这一点。但如果孩子的感情过剩，他们与同龄人的冲突就会形成令人担心的隐患，他们可能是其他父母难以想象的一个小炸药桶。我们不能保证孩子在与其他孩子玩耍时不受伤，但是保护孩子健康安全毕竟是我们的责任，尽管他们需要比别人更多的陪伴。

提前准备最为关键

没人愿意做一个控制狂。常做临时决定的父母不仅更潇洒，而且也更容易受到爱戴。比如有的父母去幼儿园接孩子时看到晴空万里、艳阳高照，便会临时决定带 3 个孩子去附近的湖玩。音乐课后，举行一个文艺沙龙，只因孩子们课上弹奏得行云流水。抑或将下午的 2 小时的拜访变成通宵晚会。这多棒呀！但是对于情绪化儿童的父母，这种灵活性几乎毫无可能。这并非他们生性无趣或墨守成规，而是因为他们知道如果那样做了，他们可能麻烦无穷。

须知，应付一个情感异常强烈的孩子以及他们持久的暴怒和绝望的眼泪，最有效的方法便是做好计划、预见变化和提前准备，因为过渡对情绪化儿童来说实在是最难的挑战了。爬起来穿上衣服，走出门外，去幼儿园或者学校，然后放学，看足球训练，学钢琴或者上舞蹈课，最后回家，做游戏，吃晚饭，穿睡衣，上床睡觉。这些都可能成为每天问题的"引爆点"。

尽管在别人看来，结束一件事，再处理另外一件事是再正常不过的事情，但对情绪化儿童来说，每个在我们看来微不足道的变化都可能在他们敏感的内心世界引发滔天波澜，他们需要花很大的力气，才能防止自己崩溃。渡过这一难关，一方面需要时间，另一方面便是固定的日程安排。日常流程越熟悉、越自然，过渡状况就越少在孩子脑海里激发焦虑信号。如果我们的孩子每周三下午都会和其他孩子一起搭乐高，这就是容易控制的事情。只是不要太多事同时发生就好。比如孩子过生日，有意识地制订一个行动计划有助于将这些具有挑战性的变化情况转化为情绪化儿童的美妙经历。这虽然与我们梦想中潇洒的父母形象不甚相符，但这确实是有效的。

必须有一个计划

无论是周末在超市的大采购，每天关于家庭作业的闹剧还是对儿童聚会的策划，父母总是希望一切都能顺利进行。尽管我们知道这不太可能。对我们的孩子来说，这感觉就像是一个永久的、自我实现的预言：相信这不会奏效。他们也真不相信这行得通。假如我们不相信可以成功，那么很大程度上就确实不会成功。为了走出怪圈，我们自己要清楚，同时也要让孩子认识到，事情能否成功，很大程度上是掌握在我们自己手中的。因为如果我们能预测到有什么突发情况会发生，就不必面对孩子失望的神情，那样我们可以帮助他们提前为这些挑战做好准备。如此，他们也可以借助挑战成长。这种准备到底应该怎样进行呢？下面我通过 6 岁的塔玛拉的例子给大家展示一下。

状况：塔玛拉被邀请去参加索菲亚的生日聚会。他的父母知道，这件事不会如此简单。聚会上孩子会大吵大嚷，会做竞技类的游戏，随处可见的甜食会使孩子血糖上升，而且小寿星会收到一堆礼物。麻烦多多，谁都能预料到，但是就此狠心拒绝邀请，因噎废食绝非解决问题之道。塔玛拉已经期待这个聚会好久了，尽管她在前两次生日聚会上玩得精疲力竭，以至于提前接回家。

预测：父母需要预测塔玛拉在生日聚会上可能遇到的危机，

并列出一份详细清单：吵嚷的杂音、面红耳赤的竞争游戏、腻得化不开的糖、令人嫉妒的生日礼物。

计划：第二步父母需要考虑如何缓解危机带来的伤害。比如塔玛拉应该身体健康而且睡眠充足地去参加聚会；如果塔玛拉玩得太累，找一个让她休息的场地；她应该参与游戏但不用太担心胜负；而且她也不会觉得索菲亚收到了所有炫酷的礼物，而她却什么也没得到。

前期准备：塔玛拉的父母致电索菲亚的父母，解释道虽然塔玛拉很想去索菲亚的生日聚会，但是担心控制不了自己的情绪。如果塔玛拉玩得太兴奋，可否在其他房间里休息？并且他们还询问了聚会的大致流程，这样便可以提前告诉塔玛拉聚会上会发生什么。父母告诉塔玛拉聚会上某些游戏是没有奖品的，她可能连一小袋橡皮糖或者一个气球都得不到。但是他们会在家里给塔玛拉准备好这两样礼物，所以塔玛拉赢不赢游戏并不是最重要的，最重要的是开心。同样，她也可以详细看一下索菲亚的礼物单，回家画下来她生日时想收到的礼物。他们还建议塔玛拉带上她的小木马，这样当她嫉妒索菲亚的礼物时就可以摸摸自己心爱的小马。塔玛拉的父母同样记得聚会前一晚早一点送塔玛拉上床休息，确保她可以美美地睡上一觉，然后精力充沛地应对第二天的挑战。

安全网：塔玛拉的父亲准时将女儿送到索菲亚家，好让她保持平静。他给塔玛拉展示她的"避难所"，同时和她一起回顾前一天商量好的事情。此外，他还请求索菲亚的父母注意塔玛拉的情绪，如果她表现出不安情绪，希望他们给他打电话，千万不要等到塔玛拉完全崩溃。这样他还可以过来进行安慰，让她接着在聚会上玩耍。

结果：因为塔玛拉之前知道聚会上会发生什么，而且也提前为可能的"危机"做好了准备，因此她可以更好地应对过渡问题了。整个聚会她只有一次自己退回为她准备的"临时避难所"和她的小马一起待了一会儿。虽然她在滚鸡蛋环节中勺子从手里滑落了而输掉了比赛，但是想到家里还有爸爸妈妈给她准备的橡皮糖，她心中暗自欣慰，就不觉得难过了。她也暗中决定，下次在她的生日聚会上，会让所有人都可以在游戏中得到奖赏。

这个例子说明，父母如若可以提前预料到社交中可能出现的状况，与孩子一起商量出一个对策，并且为孩子准备好可以暂时退缩和逃避的退路，以及铺设好安全网，确保发生紧急情况时第一时间赶到孩子身边，那么我们也可以把这些社交活动转变成对孩子成长有帮助的美好经历。当然，这要花费很多精力，但实际上我们在预防准备环节花费的精力几乎等同于一次失败社交后需要善后的精力。况且每次社交经历的成功都会促使下次我们只需要花费更少的时间和精力来做准备，因为孩子其间也慢慢积累了一些应对社交挑战的经验。

但有时候在这种准备环节中最令人忧虑的还不是父母在做计划时花费的精力，而是其他人的反应。那些在儿童聚会之前打电话给其他家长或者询问婚礼的具体流程，抑或询问学校庆典期间是否可以暂时离开的父母往往会被怀疑是过分紧张的"直升机家长"，也就是那种想为孩子扫平成长道路上每一块石头的家长。然而，事实恰恰相反，真正溺爱孩子的家长可能会直接不让孩子参加生日聚会、婚礼或者学校庆典等具有挑战性的社交场合。而鼓励他们参加这类活动，并且支持他们提前做好准备，让他们能更自由地选择，才是真正爱他们的做法。

关于媒体

情绪化儿童对于电视和平板电脑等常常有着两种态度。一方面他们沉醉于图像世界和故事中，另一方面又往往很快就由于过于兴奋而体力不支。他们通常花大量时间观看为年龄更小的群体设计的电视节目，因为那些为他们的同龄人制作的电视节目对他们来说往往情节太跌宕起伏，太过于情绪化。

对情绪化儿童父母来说，如果孩子多年来都不怎么看电视，顶多每周日会收看一套幼儿科普动画，那么这一般不会有什么问题。但是很多情绪化儿童，特别在小学阶段往往会养成长时间待在电视前的偏好。这当然很容易让人理解。儿童节目往往可以很好地满足他们对故事和冒险的向往，同时他们也可以借此练习调节自己的情感。毕竟他们可以随自己的喜好暂停、快进、跳过，以及最重要的一点——反复收看这些节目。而且一些网络游戏可以让他们在不需要应对复杂的人际交往的同时收获到成功的感觉。尤其是对于内向的情绪化儿童来说，在屏幕前他们往往可以从学校里和幼儿园的人际交往中好好休息一番。

因此我们不应该对现代媒体一概论之，认为它们对孩子的发展只有不良影响。与之相反，情绪化儿童不仅可以从中学到很多，同时也可以在完全放松的状态下发现自己真正喜欢和对自己有帮助的东西。

但是恰恰因为情绪化儿童将电视和平板游戏作为自己从充满挑战的日常生活逃离出来的放松方式，这些媒体可能对他们产生过强的吸引力。这种情况下，屏幕变成了他们逃避现实世界中挑战的逃难所。这完全可以让人理解，但是这也可能会使孩子越来越远离此前的社交圈，因为他们在平板上就可以更简单、更安全地满足自己的要求。

父母在媒体消费上到底可以给孩子多大的自主力往往是一个需要详细探讨的问题。确实有一部分情绪化儿童能够很好地分配在平板电脑、电视等上面花费的时间，这些孩子往往可以在节目结束后没有压力地马上关上设备并着手去做另一件事情。但有一些孩子却呆坐在屏幕前很难自觉抽身。这时父母让他们自主决定在媒体上花费的时长便不是在帮助他们。因为情绪化儿童往往很难自己评判，多少荧幕时长对他们有帮助，而多久则是有害的。

他们还不能控制自己仅在屏幕前花费一定的时间，而不影响他们的其他需求，因此他们往往需要父母的帮助。很多家庭会设置固定的媒体时间，比如每天晚饭前一个小时，其他家庭在这方面的要求则宽松得多。

几乎所有情绪化儿童的父母都会偶尔将电视或平板电脑充当保姆，来为自己争取一点可以放松的时间，这是完全合情合理的。但是如果孩子每天在屏幕前待上好几个小时（因为他们强烈要求如此，或者父母太劳累了，日复一日地把孩子交给屏幕托管），我们就需要后退一步并且重新审视媒体在孩子生活中扮演的角色了。确实，媒体大大丰富了我们的生活，给我们带来欢乐，帮助我们放松。但是它不能完全代替现实生活，即便现实生活中往往充斥着不可预见性和各种挑战。

情绪化儿童往往容易被电子媒体强烈吸引以至于难以自拔。这时候所有约定(比如"我们当时可是说好了只能再看 5 分钟！")都不再有效用，因为人在玩游戏和看电视时会丧失一切时间感。如果父母直接按下关闭键，那么孩子就会感觉生生地被从幻想的世界中拉扯出来。但是如果父母能在最后十分钟和他们坐在一起看电视，讲解角色关系，和孩子有身体接触，就有助于小心地将孩子慢慢带回现时现地。

没有信息过滤能力的童年

这个世界是一个让人困惑的地方，每天世界上都会发生很多美妙的事情，但是也有可怕的事情。毕竟人类的历史充满了恐怖，而有一些恐怖直至今日依旧存在。知道这些恐怖的存在，同时还能经营正常生活并享受生活，是我们内心的自我保护功能的功劳。当下世界所有的事情都可以通过媒体随时传送到我们的耳中。说实话，如果我们每时每刻都直面这个世界上正在发生的苦难、痛苦、不平等和暴力，那么我们也不会再那么热爱我们的生活了。基于这种自我保护的必要，我们培养出一种过滤会让我们感到不舒服的信息的能力，以便能够专心于日常生活重要的事情上面。

但是情绪化儿童要不就是完全不具备这种过滤能力，要不就是他们的过滤网太薄或太透明。也就是说，他们会让世界上的痛苦完完全全地进入自己的内心，而这些信息往往远远超过他们可以接受的程度。

因此作为父母，我们有责任为孩子接替这一过滤任务，而让他们在一种受保护的环境下仍旧对这个世界保持信任。带着这份信任他们会慢慢学会应对这个星球上的生命必须面对的痛苦和困难。因为孩子不会从打击和精神创伤中发展健全的自我保护过滤功能，而是会循序渐进地学会正确处理自己强烈的感情。也就是说，如果一个孩子可以应对自己的痛苦，那么他也会学会应对他人的痛苦。如果他还在努力处理自己的强烈感情，而外界的苦难又通过照片故事等形式不受控制地涌入他的脑海，他可能很快便支撑不住。在这种情况下，焦虑的大脑为了存活便会将所有感情调节到最低水平。而这种做法的后果便是情感冷淡，很多人一辈子都在忍受这种折磨。

父母如何引导情绪化儿童正确处理与媒体的关系

孩子不应该观看为成人撰写的报道及纪录片。即便孩子表现出并没有认真在听的样子，但是只要在同一空间下，孩子就会在不知不觉中了解到一些事情，会对关于战争与折磨（比如虐待动物的图片或报道）感到困惑。等孩子到了上小学的年龄时，可以尝试通过专门的儿童新闻节目让他们了解世界上的大事。

报纸或杂志的头条或封面往往会通过夸张的图片吸引读者，但这些可能会给情绪化儿童带来强烈的情感反应。因此父母应该注意不要随意随处放置报纸，即便是电子阅读器也需小心看管。

我们同样需要小心对待那些以环境保护名义夸张宣传物种灭绝的儿童书和电影。我们应该让孩子学会爱自然，并出于对自然的爱而成为真正的环境保护者，而不是通过热带雨林被伐光或者红毛大猩猩灭绝等类似的骇人听闻的故事来吓唬他们。从小就学会热爱自然的人，长大后自然会成为环保人士。

对于网络报道的恐怖袭击、乱砍乱杀等可怕事件，父母要根据实际情况判断孩子可能从家庭之外获知相关信息的可能性。年纪较小的孩子的信息来源主要是家庭，我们就可以直接保证他们不接触相关消息来源。而年龄稍大的孩子可能在学校获知相关信息，因此父母有必要为此提前做部分准备。比如将事件中心放在强调事件中的积极因素，为他们鼓气，比如告诉他们有多少人在危急时刻伸出了援手。同时强调这些可怕事件发生的可能性很低，几乎不可能发生在自己身上。在德国为了时刻铭记纳粹政权的暴行，很多学校都会组织学生去相应的纪念场所，或者一起参观集中营，有时候从小学低年级便开始有这种活动。但是对于情绪化儿童来说，一下子面对这次多的痛苦、死亡和不公平可能会对他们产生不好的影响。他们可能被这些可怕的事实完全击败，最后精疲力竭，而并没有学会将这些事件通过历史去分类、理解并从中学习。即便学校认为这样的活动对孩子的年龄是适宜的，情绪化儿童的父母也需要和孩子一起判断孩子到底能否在情感上接受这些活动，以及如果可以的话，需要提前做哪些准备，或者父母可以与教师们一同寻找一个不会引发孩子内心创伤的场景。

看电视对我的女儿来说一直是一个巨大的挑战。当别的父母已经可以在刷牙时用 YouTube 搞笑视频来吸引孩子注意力时，我的孩子还对屏幕上任何变化的图像充满焦虑。她睁大双眼、心脏狂跳，紧紧抱住我们，直到脚后跟都失去了血色。好像她一下子没法接受如此多的刺激。因此我们几乎一直都关着电视而更多地看图画书。5 岁时女儿才能偶尔看一集情节简单的 5 分钟时长的《睡魔》①，7 岁时才开始能看《老鼠的故事》，分 3 次看完，每次看 10 分钟。

问题是，她的同班同学已经早就习惯各种媒体了。而且学校里有时会在空闲时间为一年级的孩子播放儿童电影。但是有一次我女儿却因为一集临时播放的《长袜子皮皮》②而完全失去控制哭着跑出了教室。很多孩子、父母和老师都觉得很奇怪。随后便有传言说我们家出于世界观原因拒绝所有新式媒体。一个一年级的学生忍受不了半小时的儿童节目，让很多人觉得不正常。

之后，我们与班主任进行了交谈，并请求她在下次学校放映电影前提前通知我们。虽然这听起来很滑稽，但我们和女儿后来确实提前为这个电影做了准备。我们讨论了电影中可能被运用来制造悬念的方法，如音乐；以及告诉女儿，儿童电影中结局都是好的。我们准备了应对紧张镜头的自我放松策略和应

---

① 德国经典儿童电视节目。——译者注

② 德国经典儿童动画。——译者注

对眼睛干涩的眨眼技巧。9 岁的时候，我们的女儿终于敢在生日聚会之后和别人一起去电影院看一场电影了，尽管我们此前已经为了帮她在情感上做好准备提前一起在电影院看过了这部电影。这对我们来说简直是一个里程碑式的胜利。我们的孩子可以忍受大屏幕上 100 分钟长的电影了，而不再是那个班里唯一一个不能忍受儿童电影的孩子了。

马瑞克

好好听我说！和情绪化儿童谈话的技巧

　　几乎所有情绪化儿童的父母都有这样一个苦恼："我的孩子怎么都不听我的！"这当然很令人沮丧。他们绞尽脑汁地去理解孩子，减轻他们的负担，然后呢？他们竟然连我们让他们布置一下桌子的请求都不理睬！

　　这种看起来几乎粗鲁的举动背后只有一个非常简单的原因：情绪化儿童的大脑由于面对太多的复杂情感，以至于他们出于自我保护的目的开启了紧急模式来屏蔽，除了与生命安全有关的其他所有刺激。比如只有"老虎对着他吼叫"或者妈妈完全失去了控制而开始发飙，他们才可能会接收到信息。这时孩子会惊慌失措地、充满恐惧地看着父母，父母就开始问自己，难道一定要对孩子大喊大叫，他们才会有反应吗？不，当然不是，喊叫反而会增强孩子的焦虑，而这恰恰促使孩子大脑开启紧急模式。实际上，当大脑承受的压力已经大到对轻柔友好的问候完全没有反应时，最有效的处理方法应该是通过一种令人舒适的、积极的刺激来吸引孩子的注意。比如温柔的抚摸、眼神交流以及让人舒服的要求："亲爱的，你能看我一下吗？今天晚上我们准备吃你最喜欢吃的千层面，你帮我们布置一下桌子吧！"这样父母就避免了喊叫与反抗的恶性循环。而孩子脑海里的混乱也可以得到纾解，以至于他之后也会听从父母提出的温柔友好的要求。

与情绪化儿童沟通的策略

情绪化儿童的脑袋里往往装着太多压力与混乱，以至于他们很难理解长篇的解释说明和复杂的要求。如果父母和老师的反应是气愤和不理解，那么他们的焦虑程度就会更甚，以至于他们会更不愿意合作，即便他们很喜欢做某件事。

为了确保孩子接收到了信息，可以采取以下策略：

1. 当需要得到他的注意时，设置一个明显的信号。比如老师们经常在向全班发言之前会摇动一个小铃铛。或者爸爸可以温柔地抚摸一下孩子的肩膀，来让孩子把注意力从正在搭的乐高积木上转移到爸爸身上。

2. 眼神交流可以帮助孩子认识到，你不是在听某一个人说话，而是在和他交流。比起来自远方的呼唤，大脑往往对面对面的交流更加敏感。

3. 一个简单明了的表达可以准确直接地传达信息。

例如："吃晚饭""穿鞋""跟我来""停！"首先需要让孩子知道我们要表达什么意思，更详细的解释我们可以在之后添加。

4. 真实性。我们表达自己的感受，并且所说的便是我们认为的。情绪化儿童对不确定性和奇怪的模棱两可极其敏感。如果我们要求他们去做我们事实上不同意的事情，他们能很准确地感知出来。

5. 确切性。问题就是问题，要求就是要求。也就是说"我们现在准备上床睡觉吗？"是在让孩子做一个选择，如果孩子回答"不"，也是合情合理的。但如果这个答案不被接受，因为最初的问题只具有修辞上的意义的话，孩子就会感到不公平和困扰。如果决定已出，那么这种确切性也需要通过语言表达出来："现在是睡觉时间！"

　　6."不要把手伸到碗里抓面粉！"你话音刚落，孩子的手就伸进了和面的碗里。这是怎么回事？大脑如果处于焦虑状态就会忽视细节，比如"不"这个字对情绪化儿童的大脑来说是不重要的。因此孩子刚刚得到的信息仅仅是"抓碗里的面粉"，很快大功告成。更有效的沟通方法是直接告诉孩子他们应该做什么。"帮忙把碗扶好！"这样就奏效了。

情绪化儿童打人怎么办？如何杜绝暴力

父母每天都在告诫孩子，暴力是解决不了问题的。尽管他们自己也非常清楚这一点，但有时又觉得这恰恰就是唯一的解决方案。这世上有哪个人至今还没有发过火，没有怒喊过，对周围事物拳打脚踢过？应该是没有吧。具有侵略性与发生肢体冲突乃是人之本性。而孩子表达压力和愤怒的常见方式便是拳打脚踢还有咬。我们应该认识到这些行为的正常性，而不是过分夸大情绪化儿童的这种行为。确实我们不应该伤害别人，而且大人和孩子也应该学会通过非暴力的方式表达情感。而这些很难控制自己的孩子并非生性暴力或者家庭教育不当，而是完全可以被理解的。为了避免被暴力欲望支配，在焦虑状态下我们需要很强的自我调节能力，以身作则，只有这样孩子才能慢慢学会自我控制，而情绪化儿童则需要更长时间来适应这一切。

情绪化儿童生理上容易具有攻击性是很正常的事情。当然我们做父母的也不能在一旁什么都不做而等孩子的自我调节能力发展到可以自主停止暴力行为。与之相反，我们有责任保护其他人免受我们孩子的暴力袭击。同时这也是在帮助我们的孩子通过其他方式正确疏导他们的情感。我们还需要知道，孩子在高压状态下是无法学习的。也就是说，我们应该在放松的氛围下教导孩子采取非暴力的解决方法。如果孩子的焦虑状态已经太严重，以至于孩子的大脑已经处于"要么战斗，要么逃跑"的模式，那么任何的教导和解释都是没用的。在这种严峻的暴怒情况下，我们的任务仅仅是保护他人以及我们的孩子。

暴力预防：帮助孩子避免使用暴力的方式

打人是绝望和焦虑的反应。也就是说预防暴力行为的最好方法便是将大脑中的焦虑水平持续保持较低水平。您在第四章中可以找到相关建议。原则上，一个孩子越是在不需惧怕什么的情况下成长，越是经常感受到关注和爱，他就越不会通过暴力解决问题。

风雨欲来时的急救计划

如果父母预感到孩子马上将大发雷霆、大打出手，可以参照澳大利亚治疗医生及瑜伽老师林赛·列内克（Lindsey Lieneck）的建议：

1. 让孩子运动起来。在孩子大打出手之前，他们的身体往往处于紧绷状态。为了阻止这种张力的爆发，父母可以要求孩子和他们一起跑跑跳跳。如果孩子配合的话自然是极好的。如果孩子喜欢，爸爸妈妈可以在孩子面前颤颤悠悠地倒立。同样孩子大脑就可以直接释放放松的信号。

2. 蹲下来低语。如果孩子忍受不了身体接触，而且也不想蹦蹦跳跳，那么父母可以蹲下来，在孩子下方与他们获得眼神交流并与他们低语，将他们带出最焦虑的状态。原因在于，一个来自上方的谈话与眼神交流往往在焦虑状态下会自动在大脑中与危险状况联系起来，这也就是为什么很多孩子在暴怒状态下不理睬父母。但如果父母表现得渺小且没有危害性，孩子的焦虑水平便会下降，而且妈妈也更方便接近孩子。

3. 一个紧紧的拥抱。如果孩子可以接受保守的接触，那么父母第二步便可以通过从身后给他的紧紧的拥抱帮助他们安静并放松下来，且给他们可以依靠的感觉。

4. 场景变换。如果孩子的焦虑已经到达顶峰了，最有效的方法便是父母与孩子一同离开暴怒现场，至少要换到另一间房间里。因为只有这样的场景转换才可以让孩子的大脑意识到危险状况已经过去且结束了。

保护孩子和自己

一旦任何策略都不再管用，情绪化儿童已经开始拳打脚踢，这种情况下保护所有人的安全才是最重要的。也就是说，即使将盛怒的孩子赶出房间不是一个良好的教育方式，但是将一个打人的孩子带到他自己的房间里并关上门是完全合理的自我保护行为。因为一个行为是否合理，不仅要看行为本身，还要探讨行为背后的原因。

比如我还需要保护其他孩子免受已经失去控制的孩子可能带来的身体伤害。让一个咆哮的拳打脚踢的孩子不再移动，将他限制在一个空间里，是保护在场所有人的人身安全最有效的方法，直到他自己准备离开房间呼吸新鲜空气。尤其是如果还有其他孩子需要被转移到安全地带，我们必须在暴躁孩子到来之前尽力高效地实施保护。这种临界状况让很多父母觉得十分恐怖，即便是再经验丰富的父母这时也会质疑一切。但是重要的是我们要认识到每次爆发都是一种压力的释放，而随着孩子学会处理焦虑因素的策略，这种爆发只会越来越少。

第六章

托儿所、幼儿园和学校里的
情绪化儿童

家庭之外对情绪化儿童的照料

大多数父母在孩子出生之前便详细考虑过专业化的托儿机构，孕期内便早早在心仪的日托所前排队，其他父母也会在孩子两岁生日左右开始打听，还有一些家长认为孩子出生最初几年一定要待在家里。将孩子送入日托所如今已经不再是一个简单的个人决定，不仅关乎家庭经济条件与工作便利，同样也折射出特定的自我认同与世界观。许多家长以能给孩子一个处于家庭庇护下的没有日托所的童年而自豪，其他人则认为让孩子早早融入同龄人中间，从高素质的教育工作者那里学到与在家中完全不一样的知识极为重要。很多人坚信自己选择的道路是唯一正确的，而且充满热情地向外推崇这一观点。

情绪化儿童的父母则往往很难抉择。虽然他们对于孩子该如何度过他出生后最初的 3 年也有自己的打算，但在日常生活中他们清醒地认识到理想与现实的差距，自己所设想那一套全然不奏效！这些经历不仅来自那些打算在孩子出生最初几年完全自己照顾孩子的父母，同样也来自那些在孩子出生之前便计划在孩子一岁后送孩子去日托所的家长。因为情绪化儿童不仅情绪强烈，而且表现出更强的依赖性，他们对最重要的人有着出乎寻常的依赖性。以至于他们作为人们常说的"妈宝"即便分离一会儿都具有很大困难。情绪化儿童典型的行为便是一岁了还常常像初生儿一样依偎在妈妈的胸口上吃奶，做游戏时永远希望妈妈陪伴身边，几乎不让爸爸送他们上床（如果爸爸在孩子出生最初几年负责照顾孩子的大部分任务，情况自然会反过来，这时孩子便会向爸爸要抱抱，让爸爸背着或送他上床）。日托所哪能给一个如此需要亲近和拥抱、如此敏感、如此依赖的孩子提供心满意足的氛围呢？哪个保姆或教育工作者能提供如此周全的关照呢？毕竟我们的孩子不是他们唯一需要照顾的孩子！因此很多父母对自己的这种计划感到踌躇不安。那些决定在孩子出生最初几年亲自抚养的父母则被完全扰乱了生活节奏。无论给予孩子多少的爱、力气和注意力，都永远不够。毋庸讳言，一天 24 小时，一周 7 天地去照顾一个无需多少睡眠、从不独自玩耍，需要亲近、随时都可能大发雷霆的小祖宗着实折磨人的神经与身体，一些父母坚持一段时间之后便吃不消了。

　　于是，许多情绪化儿童的父母陷入了一种矛盾中：一方面，他们觉得按照传统的集中式抚养孩子的方式，专业的教育工作者无法给予自家多愁善感的孩子充分关照；另一方面，他们又急需他人相助，好让自己得以喘息，而不至精疲力竭。关于幼儿教育的问题，社交网络上早已硝烟弥漫。父母们肆意挥墨，在博客中互相批评对方的教育方式。有人认为让孩子出生最初几年在家庭之外度过是一种自私的、危及孩子的行为。很多人则反对这一说法。因此当下关于孩子出生最初几年如何度过以及与谁一起度过的恐惧就不难理解了。毕竟没人想伤害孩子的心灵或者牺牲宝贵的机会。情绪化儿童父母尤为不解，究竟他们的孩子在出生最初几年中需要什么？他们既不敢将无比珍视的孩子交付给一个难以应付他的敏感和激情的陌生人，但是又很清楚，他们压根没办法独自完成这件事。

然而，父母需要认识到关于孩子早教问题的争论并非只限于两种极端情况：将孩子置于每周 50 小时的专业化日托所，或放弃任何家庭之外的帮助。对此我们需要辨证对待，因为这并不是一个非黑即白的问题。

适用于所有保育场所的成功法则

众所周知，人生前三年的情感体验对我们的一生都至关重要。因此，我们要注意尽量让孩子感受到照顾他们的人，关心他们的需求，并及时对他们的需求做出反应。这一点对所有孩子都无比重要，尤其是情绪化儿童。

当然人不能每天都和自己的孩子待在一起。自古以来，照顾孩子这件事就不仅仅是父母的事情，他们还是会得到来自家庭中其他亲人的、朋友的或者保姆的帮助。这是社会进化中自然演化出来防止父母过度劳累和虚脱的方法，尤其适用于有情绪化儿童的家庭。

每个家庭都应该清楚，他们总能找到可以兼顾亲子双方需求的方式，而不至于让某些心灵受到伤害。

延后入日托所的时间。对许多父母来说，一岁生日便是开启孩子日托所生活的适当时机。"育儿津贴"已经不再发放了，同事们都在等着他们回到岗位上，在家照顾孩子的一年中有太多囤积下来的任务需要处理。然而，从亲子依赖度角度出发，第12、13个月通常是孩子习惯新事物相当糟糕的时期。这个年龄的孩子尤其依赖平日里最亲近的人，很难与其他人建立新的联系。情绪化儿童的情况则更极端些，他们在一岁时还像一个黏人的小猴子一样，几乎从不离开妈妈或爸爸的手臂。这已经预示了照顾他们需要面临多少困难了！许多父母因此把最初计划送孩子去日托所的时间延后了大半年。18~20 个月时，孩子处于另一个发展阶段，这个阶段，他们明显变得对外界更开放、更好奇，而且也更容易与别人建立联系。尤其是情绪化儿童在一岁至一岁半的半年中，可以学到大量关于建立安全关系和自我管理的知识，因此这期间即便没有"育儿津贴"，也应该尽量坚持下去，然后拾起更好的感觉回到工作中去。

全家出动，一同努力。许多父母为了能在孩子小时候将孩子放在家里照顾，往往会选择夫妻二人兼职工作，或者在家办公，或者一个人挣钱。也有父母请祖父母或者亲戚帮忙照料孩子。这样做的好处是可以保证孩子在熟悉的环境下在亲近的人身边无忧无虑地成长。父母也可以省去寻找日托所的麻烦，还可以百分百确保孩子的安全。当然，这也会导致家庭收入下跌、生活水平降低，这也意味着他们没有多余的钱请女佣。因此，选择将孩子留在自己身边自己抚养，需要一个强大到足以帮助照顾孩子，或者偶尔去超市购物或做饭的亲友团。如此，主要负责照顾孩子的那个人便不会长期处于负载状态，因过度劳累而抑郁。

互相支持。现在，一些父母互助小组如雨后春笋般兴起，他们由留在家中照顾孩子的父母组成，目的是共同分担抚养重担。基本原则为父母之间彼此帮助，减轻负担。具体操作起来便是所有人轮流接待其他父母和孩子，从而每个人都能安心地休息一会儿，比如舒舒服服地泡个澡。东道主无须特意提前打扫屋子，如果需要的话，父母们可以聚会时待在一起。当然并不是所有人都必须参与其中。毕竟，对情绪化儿童的父母来说，让陌生人带着所有的"不完美"进入自己家里，容忍孩子的各种缺点，以及包容那些爱冒险、冲动的"淘气包"并非易事。但多数情况下，即便是依赖成性和敏感好强的孩子也能接受这样的家长聚会。而且他们实际上也会乖乖地接受其他成人的照顾，来让自己的妈妈或爸爸休息一会儿。

将孩子带到工作岗位。尽管存在一些岗位，父母有时候可以带自己的孩子去上班。但也一直有"共同工作空间"的呼声，为有孩子的父母设置一个含有照顾儿童服务的开放式办公室，尽可能将孩子对亲近的要求以及个人对工作的愿望相结合。尤其一些大城市中的自由职业者就可以每天挤出两三个小时专注于工作，同时知道孩子就在他们身边，关键时刻可以第一时间赶到孩子身边。这种"共同工作空间"往往因地制宜，一些地方由父母联合倡导组织，另一些地方则官方成立了正式的"共同工作办公室"，与日托所相连接，由专业教育工作者们运作，注重亲子教育，比如父母与孩子一起吃饭。如此，情绪化儿童强烈的依赖性便能被满足，他们可以知道父母陪伴身边，可以偶尔去找妈妈吃奶或者找父母抱一抱。但是这种可以随时找到父母的形式也有缺点，即父母有时会很难完全将注意力集中于工作上，随时都可能被干扰。其次，不是每个参与创意性的"共同工作空间"的家长都可以获得工作所需要的专注力。而且德国至今还只在极少数地区设置了这种为有孩子的家长提供的"共同工作空间"。

请帮手进门。 在家亲自抚养可以给敏感害羞的孩子依靠和安全感。按照父母想为孩子提供的照顾的程度和范围，他们可以请不同的帮手进门。如果父母想给自己留一点闲暇时光，便可以请保姆。那些自身就很敏感并且有同情心的年轻人尤其适合这项工作，他们不需要职业培训便可以理解敏感的小宝贝的复杂内心世界。对孩子而言，理想的保姆也会让孩子觉得犹如一个年龄大些的朋友来访。有些父母甚至并不只是在需要出家门时寻找帮手照顾孩子，他们只是享受当有人在隔壁照顾孩子时，他们能在另一间房间里谈天说笑或卿卿我我。

除了年轻保姆，还可以考虑雇用一位"借来的外婆"或"借来的外公"。目前，很多大城市已经出现了这种服务，它将那些喜欢孩子的退休老人和许多有照顾孩子需要的家庭结合到了一起。虽然"租借"的祖父母也收工资，但比当地的"随选家庭"好一些。如何与隔代倔强任性的孩子们相处因人而异，因此在选择"租借祖父母"时尤其要注意他们如何看待感情热烈却固执己见的孩子们。如果初见时他们就给人一种专制的印象，那么双方应马上分道扬镳。选择对小恶魔宽容的"祖父母"则可能大大丰富原本的家庭生活。

对于需要长时间帮助的家庭而言，还是尽量请一个专业保姆或者奶妈。服务虽不便宜，但家长有大概率找到完全符合他们要求的服务人员，保证自己的孩子在熟悉的环境中成长。

对于有多余客房的家庭来说，他们也可以请一个"互惠生"。这个群体往往由年轻人组成，他们不必交房租，作为补偿则需要帮忙做家务和照顾孩子。

找一个友爱的日护。在很多社区里，日护一次最多可以照顾 5 名 3 岁以下的孩子。在一些地方，如果法律允许，他们也会一直照顾孩子直到孩子上小学。许多父母一开始非常不放心将孩子托付给一个完全陌生的成年人，与之相比，拥有正规保育员的官方日托所看起来更让人放心。

但实际上，对敏感和情绪化儿童来说，一个友爱的日护比日托所是更好的选择。因为在日托所里通常是一个成人同时照顾多个孩子，而一对一的日护则可以与孩子形成一种稳定而持续的联系，让孩子感到好像在自己家中一样。

确实，大多数日护都没有像保育员那样接受过正规的长期培训，他们可能只上过一门课。但这不意味着他们的工作质量不高。即便当下社会普遍对儿童护理员提出更高的学历要求，但从关系心理学角度来看，儿童护理的效果更与护理人员的诚实负责、敏锐细心相关。具有一定的发展心理学基础知识自然有助于理解幼儿的相关行为并采取恰当策略，可如果长年的培训就能确保儿童护理的质量，就不会有那么多家庭在得知自家孩子被漠不关心地对待后而对日托所失望透顶了。

一名优秀的日护与生俱来地散发着一种父母可以感知到的温柔爱怜的磁场，让他们感受到孩子被交到了对的人手里。一个由几个小孩子组成的群体自然会营造出一种家庭氛围，有助于帮助情绪化儿童避免来自噪音、刺激和日托所里一直换来换去的保育员所带来的干扰和挑战。

如家般的日托所。每个人对日托所都有各自的联想。有些人会想到黑白照片上前东德时期的日托所，孩子们一排排躺在一个大厅里，按照时间表方便。有些人则想到一个天堂般的游乐场所，孩子和小伙伴们无忧无虑地玩耍并被细致入微地照顾着。而反对保育工作的人则会将托管机构想象成一种可怕的地方，在那里，满脸忧虑的孩子们趴在铁丝网后面盼望着妈妈前来解救，而咨询处则仍致力将日托所描述成可以解决所有家庭问题的终极解决方案。

麻烦的是，以上这些情况都真伪参半。因为德国的日托所种类繁多，质量参差不齐。在一些模范机构里，孩子细致被呵护着。而一些老旧的日托所习惯忽视孩子的个人需求，强迫孩子按照作息表吃饭、睡觉和方便。在那里，哭泣的孩子也不会得到安慰，因为日托所认为如果这样做了可能会让孩子以为眼泪能够解决问题。一言蔽之，德国日托所鱼龙混杂，良莠不齐。

在这种情况下，日托所还严重供不应求，能够将孩子送进去简直像中彩票一样难，这对父母来说不啻是一个巨大的挑战。情绪化儿童的父母尤觉困难，他们心中明白：有的孩子因为有着较强的自控能力尚且可以在一个不是那么理想的地方待得比较好，而一个差劲的保育场所对情绪化儿童来说则意味着一场灾难。因为每个讽刺的眼神、每个无心的评价、每次拒绝和每次被忽视都可能给他们幼小敏感的心灵造成创伤。而优秀日托所提供的积极体验则可以帮助孩子更好地成长。他们可以观察同龄的孩子如何处理自己的感情，去体验一个陌生人陪伴他们感情的大起大落。

清单：将孩子托付给合适的人照看

很多父母在为情绪化儿童寻找家庭之外的帮助时百般思量，踌躇难决。如何找到最适合孩子成长的地方呢？下面这份清单可以帮助父母们条分缕析，正确决策。虽然家庭之外有适合情绪化儿童积极成长的地方，但是想要找到它们却非易事。因为情绪化儿童不仅需要精心照料，还需要诚挚信任和衷心理解，需要一个彼此间亲密无间、可以建立强关系的知心人。

人比场所重要。不要将注意力放在是否有美丽的花园或者敞亮的游戏室，而是应该认真考察保育员这个人。他是否热情友好和细致敏感？他对为人父母者的担忧和恐惧是否足够理解？

孩子的感受如何？ 一个保育机构的好坏从孩子的状态上就可以观察出来。在一个优秀的保育机构里，孩子会身体放松、心灵安全，会主动要求与保育员亲近，而且不会有不开心的孩子。

他们是如何对待孩子的肢体语言的？ 保育员是否在父母在场时也认真倾听孩子的想法，温柔地对孩子说话？即便孩子在咿呀学语期间，他们是否也会认真地听孩子讲话？比如孩子高高伸起小手索求拥抱，他们是否足够敏感、及时反馈？

他们如何谈论孩子？ 保育员对孩子的评价通常流露出内心

真实的想法。他们对孩子的评价情真意切吗？他们是在笑话孩子的感情吗？一旦父母听到像"他只是在发疯"等类似的说法时便该足够警惕，他们内心深处冷漠荒凉，从未发自心底地在乎孩子的感情和怜爱幼儿。

吃饭情况如何？父母应该询问清楚，如果孩子有些食物尝都不愿意尝一口，他们会怎么做？或者如果他们什么都不吃呢？一个经验丰富的保育员会明确回："没有哪个孩子会被强制吃东西，他们也不一定要尝什么东西，而且无论他们有没有吃东西，都会得到饭后甜点，没有人会被罚站。"

他们如何处理睡眠突发情况？至今仍有很多日托所期待能在固定时刻将孩子放在床上，让他们自己入眠。有时他们甚至会将这项任务交给父母，让他们在孩子开始日托所生活之前培养孩子晚上11点半独自入眠的习惯。值得注意的是，在这样的机构，父母无法期待他们的孩子能得到细致入微的照顾。如果保育员说孩子在入睡之前会发一会儿牢骚，父母也需要立刻警觉起来，因为这意味着孩子是哭着入睡的。

因此，父母一定要询问清楚孩子的入睡过程，以及如果孩子无法安眠他们如何处理。如果保育员说他们会抱着孩子轻轻摇晃，确实得法。当然，父母还需要细细考量话外之音，即保育员是咬牙切齿地抱着孩子入睡的，还是完全体谅孩子的需要。如果孩子实在不想睡觉，他们是否会提供娱乐措施？这对于本身睡眠时长就短的情绪化儿童来说尤为重要。强迫他们躺在那里什么都不许干，是令人难以忍受的。

如何处理孩子情绪爆发的情况？这个问题会被许多家长忽视，但这十分关键，如果孩子大发脾气，保育员会做什么呢？（对情绪化儿童来说，这完全可能发生！）一个优秀的保育员会答道："我们会像对待其他情感一样认真对待这种情绪，这个孩子并非天性暴戾，他只是控制不了感情而已。"而如果保育员说他们会直接忽视这个发脾气的孩子，并把他带到另一间房子让他自己把火气都发泄掉，父母就应该小心了。这种回答的背后隐藏着一种世界观，即大人应该通过忽视孩子来训练孩子改掉不良情绪。

如果孩子咬人或者打人该怎么办？情绪化儿童时常有激烈的情感反应。一旦反应太过强烈，他们可能直接开始咬人或者打人。这并非出于恶意，只是压力过大无法释放而已。因此一定要提前询问，如果一个孩子伤害了另一个孩子，机构会如何处置？回答的时候家长需要注意两点，即一方面受伤的孩子需要被抚慰，另一方面伤人的孩子也不会被当成需要受惩罚的罪犯，而是同样被视为受害者，即自身强烈情感的受害者，因为他当时实在找不到其他出路了。

一个优秀的回答应该是：如果孩子开始打人或咬人，他会上前将孩子们拉开，安慰受伤的孩子，并且使动手（口）的孩子冷静下来，然后中立地告诉他在焦虑状态下还可以干什么，此后愈发小心对待孩子可能情绪失控的标志，防止再度出现这般糟糕情况。如果在某个保育机构里，打人的孩子会被强制面壁思过或者自己坐在教室外面，那么父母就需要格外小心了。这种惩罚不仅伤害孩子的自尊和感情，而且暴露出保育人员在成长心理学方面的欠缺。同样令人不可接受的解决方法是，让孩子私底下解决问题。这样很容易造成年龄相仿、体格相似的孩子间的斗殴。成年人应该时刻清楚自己具有保护孩子的职责。

他们适应得如何？在一个没有父母的地方生活对孩子来说是一个巨大的挑战。更重要的是，孩子应该被给予足够的时间来适应新环境和建立新关系。科学研究显示，一个好的适应过程对孩子至关重要。安全度过过渡期的孩子不仅在与父母分离时表现出更低的焦虑水平，同时也更不容易生病。

即便如此，很多地方并不认为父母和孩子需要一定的适应时间。这为开展保育工作带来更多麻烦。父母一定要问清楚孩子在适应阶段需要面对什么。面对此番状况，很多机构都会给出一个标准回答，即他们会按照一个通过科学验证的普适"柏林入园适应模式"①来帮助孩子适应。

只是研究表明，多数声称采取这个模式的机构在实际操作中会走捷径，以便更快达到目的，而这恰恰与该模式的本意背道而

① 柏林入园适应模式是指德国一种普遍的儿童适应幼儿园的模式，所设定的适应期为 1～3 周，大体可分成 4 个阶段。详见孙进《德国幼儿园如何过渡分离焦虑期？》，载于 2015 年 9 月 24 日《中国教育报》。——译者注

驰。此外，这个"柏林入园适应模式"也并非适用于所有孩子，尤其是情绪化儿童需要细致入微的照顾和更长的适应时间。

父母应该如何探寻适应阶段可能发生的事情呢？首先，他们可以自己先了解一下"柏林入园适应模式"，在提到父母的责任时他们可以漫不经心地问道："我必须要在前三天一直待在孩子身边吗？"如果保育员回答要看具体情况，比如告诉父母第二天就可以暂时离开，出门接杯咖啡，那么父母就需要警觉起来，这个保育机构很有可能存在敷衍了事的情况。尤其当孩子比较敏感而且可能需要更长的适应时间时父母就应该一早说明情况："我们预计孩子最短需要三周来适应新环境，第一周我会陪着孩子。"父母可以观察保育员听到这番话后的反应。因为一个成功的适应过程离不开保育员和父母的互相包容与理解。保育员不应该将父母视为房间里的眼中钉，而是将他们看成协助孩子顺利度过适应期的帮手。

如何帮助情绪化儿童度过适应期？情绪化并非一种病症，为防止形成这一印象，父母在与潜在的保育员会面时也要避免使用这个概念。他们必须做的就是积极宣扬孩子的独特之处，然后观察保育员的反应。

"我的儿子非常黏人，时常需要肢体安慰，尤其是在他感到累的时候。"保育员对这句话的即时反应很大程度上流露出他们对孩子的真实看法。充满爱心和善解人意的保育员会微笑着倾听这些描述，并且会试图寻找帮助小宝贝应对日常挑战的方法，比如将依赖性强的孩子放在宝宝背带里背着。糟糕的保育员则会表示拒绝并强调，在一群孩子里不允许有特殊要求。他们往往会用他们那句经典话语来将这种想法扼杀在摇篮之中："如果我满足了他的特殊要求，那么所有人都会提出类似要求。"请记住，不合格的保育员会强调孩子总是要经历这些的，而优秀的保育员则会试图寻找以孩子的需求为导向的解决方案。

帮助情绪化儿童适应保育生活

适应第一次保育经历，孩子会产生强烈的情感起伏。引入新的小伙伴、新的保育员、新的空间，着实令人激动莫名。

别时苦，见时喜，正常的喜怒哀乐在情绪化儿童那里往往会放大百倍。因此，让他们心无挂碍地开始保育生活尤为重要。尽管这样，万事开头难，对所有人仍意味着巨大考验。其中，最关键的便是以孩子的需要为第一导向。孩子必须在父母在场的情况下与保育员建立相互信任关系，三天之后，经历一次父母暂别的适应性考察，而后续适应计划则要在这次信任关系考察结果的基础上制订。如果孩子可以被保育员成功抚慰，说明孩子已经与保育员建立了较密切的关系，那么就可以正式开始；如果孩子不让保育员安慰，说明还需要更长的认识阶段和更缓和的适应过程。

如何按照情绪化儿童的需求设定适应阶段，可以参照以下十点计划：

1. 商定适应计划。很多保育机构对保育工作开始的计划往往含糊其辞："你们到时来一趟吧，然后我们再具体谈谈。"更好的方法则是商定一个清晰的计划，这个计划设计陪同的认识阶段、一次短暂的分离尝试和一个约定，即适应阶段的长短以孩子释放的信号为导向。

2. 父母也要调整自己的心态。情绪化儿童对任意微妙的震动、对父母释放出来的没有明说的和心底的想法都极为敏感。他们可以明确感知到，我们对保育工作持喜悦乐观还是恐惧担忧的看法，抑或是我们是否带着愧疚感开始保育工作。尤其如果父母本身也极为敏感，那么父母和孩子会不停地从对方那里感知到讯息并做出反应，适应阶段可能会成为一场真正的情感乒乓赛。比如妈妈担心儿子可能接受不了分离，儿子感受到妈妈的恐惧便会配合着抱住妈妈不放手，来让妈妈觉得自己受不了这样的分离。妈妈感到自己的担忧得到了证实，坚信自己的宝贝还太过敏感，完全还不能离开自己……如果父母知道这种动态关系的话，他们就可以采取应对措施，比如注意区分自己和孩子的情感，然后让内心轻松一点的父母一方传达意思：我们完全信任你在这里的保育员或日护，我们希望你在这里度过一段快乐的时光。

3. 抓住一切机会相互认识。熟悉程度是成功适应的关键。年龄小一些的弟弟妹妹们往往适应得很好，因为他们在日护或者日托所接送哥哥姐姐时就慢慢认识他们了。而在正式的适应阶段开始前经常去参观日托所或者看望日护也可以达到类似的效果。比如每周选取一个下午，设定一个有父母陪护的游戏时间，而在适应阶段开始的前一周开始每天下午都让孩子去保育员处玩耍。情绪化儿童都是情绪联想的大师。如果他们曾经在某个地方摔倒了并擦破了膝盖，他们会一直记上好几个月。如果他们在适应阶段开始之前便已经将保育员与游戏时的快感联系在一起，那么这些感觉就可以抵抗与父母分开带来的痛苦。

4. 安全地相互认识。很多人对待孩子的适应阶段总是非常缺乏耐心，觉得第一次与父母分离被拖得太久了。但是从心理学角度看这完全是错误的。孩子必须感到放心才能够好好待在一个地方并且建立信心。这种安全感只有在他们熟悉的且对他们极重要的人在场的情况下才能产生。因此父母需要最短三天或一个星期陪在孩子身边，在孩子不知情的情况下最好连独自上厕所都不要。只有这样孩子才能真正适应新环境。第一次分离测验实际上是一种"联系测验"，这就更不能被省略。每一次消极的分别体验，每一次失败的安慰尝试，都会在情绪化儿童的内心留下绝望与无力的经历，这只会让他们在之后更难重建信心。

5. 父母仅充当孩子安全的港湾。父母在孩子适应阶段的作用便是，陪在孩子身边，让他们感到安全。在这里，父母并不是玩伴，玩伴这个角色应该由未来的保育员扮演。也就是说，在适应阶段，父母应该待在游戏室的边缘地带并且尽量消极地参加游戏，但是同时又让孩子感到他们在身边并且对孩子很友好。孩子可以随时到他们身边，靠在他们身上，和他们亲近而不会受到拒绝。父母不仅不主动参加游戏，而且也不应主动与孩子交谈或者是提建议。如果孩子将一本书带到父母跟前，那么父母就只是将东西放在手中，保育员这时候就会走近孩子，自然地开始和孩子一起玩耍或者为孩子读书，而不必遣走孩子的父母。

父母在这种情况下仅仅为孩子提供安全感，以便于孩子放心与保育员沟通。情绪化儿童往往会对父母的这种反常的消极反应感到奇怪和不安全。毕竟他们已经习惯父母时刻关注并呵护他们的感情生活。因此，在情绪化儿童适应期间，父母需要在不引起孩子恐慌的前提下尽可能地回避。父母往往需要极其细致地观察孩子的心理状况，以达到以上两者之间的平衡。基本原则是，即便是多投入一点，也不要让孩子因为父母完全无动于衷而感到不安全。一个优秀的保育员也可以巧妙地插入孩子和父母之间的游戏来减轻建立关系过程中可能出现的麻烦和焦虑。

6. 信任需要好好去争取。一次适应有点像一次约会：新的保育员必须先让孩子感到可以与他接触。情绪化儿童则需要移情能力，因为他们能很准确地感觉出来其他人是真正对他感兴趣并想和他建立一种关系，还是仅仅是在执行任务。按照性情差异，有些情绪化儿童更喜欢与成年人在建立关系时是父母在场的情况下直接和他玩游戏。其他孩子则更喜欢安静地观察，与对方时不时向他投去友好的目光相比，他们更喜欢对方从一开始什么行动都不采取。这样他们恰恰能建立信任关系。关键是，新的保育员必须要清楚他们的工作便是赢得这个阴晴不定的、敏感的小人儿的信任，并且尽力满足孩子的需求。

7. 没有确立新联系之前不与孩子分开。如果孩子显而易见地已经与新的保育员建立了信任关系，比如孩子在父母一方还在场的情况下开始主动接触保育员，比如坐在他大腿上或让他把自己举起来或者抱在怀里，那么就是时候展开第一次分别测试了。因为这种关系自然还没有孩子与父母之间的感情牢固持久。第一次分别测试就像是双方关系中的石蕊测试①，它显示了孩子已经对保育员建立了多少信任，也为制订接下来的适应计划提供了指导效果。

　　8. 不经告别不离开孩子。尽管很多人希望能在孩子玩得入神时偷偷溜出去，但是为了避免使得刚刚产生的信任付之一炬，父母在离开房间前还是很有必要认真地与孩子告别。不仅仅是在门口简短地与孩子挥手告别，而是跪下来给孩子一个吻，跟他说再见，然后再出门。很多孩子在初次与分母分开时都会哭，但是这时候到底是不是依旧头也不回地离开呢？关于这一点，年轻父母有着不同观点。

　　从联系心理学角度分析，孩子的哭泣好像不是一个好信号。但事实恰恰相反。因为这时候孩子恰恰是在表达情感而非压抑着感情，他当然不愿意看到自己最亲的人离开自己。这时候关键是观察孩子能不能接受保育员的安慰，如果保育员可以在几分钟之内使孩子平静下来，说明他们之间的关系已经取得了重要进步，因为孩子往往只会让自己信任的人安慰。但是如果孩子哭得越来

---

① 石蕊测试是检验溶液酸碱性最古老的一种方式。碱性溶液使红色试纸变蓝，酸性溶液使蓝色试纸变红。——译者注

越绝望，情况完全得不到缓解，那么父母就应该在几分钟内马上回到孩子身边。

9. 每个孩子都有自己的适应进度。这次分别测试的结果决定了下一步适应工作的推进。如果孩子可以顺利被安慰，那么父母大约在半个小时后可以返回。第二天父母再次和他们告别并离开半个小时，然后依次拉长分别时间到一个小时、一个半小时，这样的话就可以依据孩子的反应慢慢拉长分离的时长。

如果孩子不能被保育员成功安慰，这说明与孩子分开还为时尚早。然后应该再次从相互认识阶段开始，最短三天实施一次分别测试。直到孩子可以让他人抚慰为止。但是无论如何都不能让孩子超过五分钟哭着去寻找父母。

10. 建立联系需要时间。如果孩子信任自己的保育员，在第一次与父母分离时可以让保育员抚慰，并且之后可以开心满意地投入在游戏中，这说明适应是成功的。同时，我们也要知道，一种深刻、亲密的联系的形成往往需要很长时间。一般要经过半年，孩子才能真正适应日托所的或者由日护照顾的生活。在孩子达到那种程度之前，父母需要在最初几个星期尽量不要让孩子放由他人照顾超过半天，从日托所回来之后也应该给孩子补偿更多的亲近和安全感。

幼儿园里的情绪化儿童

对于出生最初几年主要待在家里的孩子，开始去幼儿园是一件大事。这意味着第一次与父母长时间地分开，对于非常敏感的孩子尤其不容易，因此小心耐心地陪孩子度过过渡期便尤为重要。

即便三四岁的孩子已经比日托所里的孩子都要大了，但是他们依旧是感情异常敏感的孩子，像年龄更小的孩子初入日托所一样，他们亦需要充满爱意的适应期陪伴。情绪化儿童的父母最好在幼儿园开学之前便与幼儿园老师们解释他们的孩子需要一个小心的适应期，关于如何照顾孩子的需求，读者可参见第 221 页的"十点计划"。

基本情况是不变的，孩子只有在感觉安全的时候才会建立信任，而这种安全感通常只有在父母在场或其他非常熟悉的人在场的情况下才会产生。如果他们太早被逼迫与父母分开，这只会使得已经适合上幼儿园的孩子紧闭心门。因此父母应该更明白时刻支持孩子的重要性，并为孩子争取可以按照他们的个人情况设定的适应时间。这当然同样适用于已经有保育经验的孩子，毕竟从日护或者托儿所换到幼儿园也不是件小事。尽管很多孩子已经对分别和重逢尤为熟悉了，可以轻松地开启幼儿园的生活，但起关键作用的仍是每个孩子真正的感觉和需求。很多孩子即便在上小学前依旧需要一个适应的过程，而有的三岁孩子在从来没有保育经历的基础上，便可以轻轻松松地去幼儿园并主动让爸爸回家。

我们的孩子是问题儿童吗

有的情绪化儿童在幼儿园里才真正地放飞自我。他们热爱明确的日程和许多的规矩，热爱可以嬉戏打闹的操场，热爱与其他孩子一起玩耍和享受成年人的照顾。但情绪化儿童也很容易在幼儿园感到不幸福。他们感到被日常的刺激冲昏了头脑，太多的规矩和教条束缚了他们自由不羁的天性，因为他们并不能像他们希望的那样完全不受约束地大喊大叫，而最关键的是，他们感到自己不再被无条件地接受和喜爱了。因为他们通过他们敏感的触角可以很清晰地感知到自己的活泼、不消停和敏感究竟是被大人们当成是丰富孩子群组生活的元素，还是作为麻烦的烦扰因素。没有孩子想当问题儿童，但是很多情绪化儿童总是倾向于被贴上这个标签，而这会造成不良后果。因为如果他们一直从别人那里得知自己难对付和令人厌烦，他们就会将他人的评价翻译为别人对他的期待，而由于他们一直都很有配合意识，他们就会试图去成为别人口中的自己。你们想要一个问题儿童，那好，我给你们一个！

这样就形成了一个很难转变的恶性循环。孩子得到关于他行为的消极反馈（你总是这么疯！）就尝试着积极配合（我就是疯，我得一直这么疯）。这样下去他就得到越来越多的消极反馈（你真是完全不能安静坐着，把整个小组都弄乱了！），觉得自己是个失败者，然后就更加努力希望达成别人的期待，这样他永远都赢不了。

为了防止情绪化儿童的自我认同受到日托所、幼儿园或学校里没完没了的批评的影响，我们必须为他们提供一个让他们觉得自己的特殊脾性受到接受和欢迎的环境。在那里成年人们会为他们着想，并且理解他们其实并不是想惹怒或者挑衅别人。这些孩子虽然表现特殊，但是和别的孩子一样同样希望有归属感和获得别人的喜爱。一个合格的幼儿园不应该试图将适用于其他孩子的方法直接套用在情绪化儿童身上，而是应该承担起因材施教的职责。他们应该认真对待情绪化儿童的特殊需求并且相信他们会配合校方的要求，尽管这对他们来说可能很困难。

情绪化名人：艾蕾莎·贝丝·摩儿（P!nk[1]）

太疯、太叛逆、太倔强，长期以来艾蕾莎都被认为是一个问题化儿童并被贴着以上这些标签。她后来在采访中回忆道："我一直都觉得自己是一个局外人，不属于任何地方。"那时她已经是一个国际流行歌手了，而且有一个新名字：P!nk。但是变成歌星的道路却一路坎坷。这个敏感的女孩从小就是她父母婚姻问题的受害者。P!nk 说，她童年的大多数时间都是被忧伤、迷惘和气愤占据着的。她的父亲是专制的越战老兵，母亲是同样参加过越战的一名护士。这两个可怜人也从来没有认识到女儿的敏感性格，因此在与父母产生冲突时，她的激动情绪和大喊大叫常常被称作不可理喻。"他们骂我实在不可理喻，因此我就接受了这些

---

[1] Alecia Beth Moore，1979 年 9 月 8 日出生于宾夕法尼亚州，美国歌手、音乐创作人、舞者。——译者注

标签并且成长成那个样子。我就在想，我是个问题儿童不是吗？那我就让你们看看，我到底可以有多麻烦！"这也是她后来的做法。她 9 岁便开始抽烟，青少年时期便试遍了她能够搞到的各种毒品。她把自己的宠物——一只仓鼠带到学校并让它在学校啃别人的毛衣袖子。她父母的朋友都将她视为坏榜样。P!nk 回忆道："没有人喜欢我，连我的父母都害怕我并且担心我。"而 16 岁从家里搬出去后她开始转变了。她开始将自己的经历和情感写到诗和歌曲里。她成立了自己的乐队并在这年签下了自己第一份唱片合同。无论在舞台上还是在录音棚，她都以穿透性的声音和让人难以捉摸、激动人心和充满情感的歌词折服了无数观众。至今她已经卖出了 4 700 万张唱片并且多次获得重要的音乐奖项。她投身于儿童权益保护和动物保护组织，反对歧视少数性别取向群体，现在自己也已是两个孩子的母亲。她现在再也不受自己强烈情感的折磨了，而是将这些感情投入在了录音棚中。

如何减轻情绪化儿童的幼儿园烦恼

　　情绪化儿童往往能很清晰地指出他们在幼儿园不喜欢的东西。家长和保育员最好认真地对待孩子的这些表述，而非将这些当成典型的牢骚和夸张，对此什么都不做。如果情绪化儿童埋怨他在幼儿园里"从来不能跑"，这时候大人们不能说他们可以在特定的游戏时间里跑闹，因为孩子还是会觉得自己不能像自己需要的那样去活动。

　　有这种需要我们便可以考虑某些解决方案，比如也许可以设置一个允许非游戏时间也可以奔跑的房间？或者可以在楼道里设置一个跑道？很多情绪化儿童还忍受不了烦躁的无线电音乐，因此对他们来说，有一个可以躲开这些音乐的可能性便十分重要。画画或者拼图时戴上防噪音的耳机也可以帮助很多孩子。

　　原则上，对于情绪化儿童在幼儿园遇到的大多数麻烦实际上都很容易解决，关键不在于可操作性，而在于大脑中的警醒。"如果我们开了个头的话""如果我们允许给一个孩子走后门，那么所有人都要了""他必须得习惯这些"等，这类担忧阻碍了幼儿园为情绪化儿童设身处地地考虑他们的特殊需求。父母如果遇到这样的幼儿园，应该出于帮孩子忙的想法，为他继续寻找一家以孩子的需求为重的幼儿园。

当心"抽屉思维"

日常工作中经常与孩子打交道的人往往会不自觉地将所有的孩子分类：聪明的、乖巧的、疯孩子、问题儿童、敏感儿童，等等。科学家通过对录像的分析得出，这些想法会对保育员的行为起到巨大影响。比起活泼好动的男孩，恬静害羞的女孩往往能得到更多的抚慰；相比问题儿童，保育员往往更喜欢将听话的孩子放在自己的大腿上；情绪激烈的人往往会在争吵中被视为始作俑者而腼腆的孩子被视为受害者，即便这个冲突完全不需要这样的角色分工。这个现象背后并非掩藏着什么邪恶的动机，而是人脑的一种被证实的"存活策略"在作祟。为了防止大脑被不同的、奔涌而来的洪水所淹没，我们会毫不留情地将大脑接收的信号分类并简化。这在很多情况下都是很有意义的，但是在与孩子交往中却是很危险的。因为一旦孩子已经被保育员贴上了标签、分好了类，他就很难再跳出来了。而情绪化儿童更是经常被分错类，因为对方对他们这种孩子往往还没有确切的分类类别。

一个典型的例子便是很多孩子尤其是男孩都会被贴上"幼儿园小魔头"这个标签。很多教育工作者一旦看到这样充满活力的孩子就会将他分入这一类，并认为他多动，总是会到处捣乱。但是情绪化儿童不仅非常活泼，他们也尤其敏感，并且容易在冲突中深深受伤。将他们视为不良少年，只会滋长教育工作者"让他们自己惹的麻烦自己尝苦头"的想法。但是我们需要认识的是，情绪化儿童只有完全控制不了自己的感情时才会惹麻烦，更别说他们能自己弥补错误。如果我们做父母的没法避免其他人为我们的孩子贴上标签，我们至少要努力让他们贴上准确的标签。

帮助保育机构为照顾情绪化儿童做好准备

幼儿园开学的前几周，情绪化儿童父母的大脑里总是装着一个问题："我们是应该与未来的保育员谈论一下孩子的特殊之处呢，还是先缄口不言、慢慢观察？"这两种选择其实都有自己的理由基础。如果父母没有向保育员提及孩子的特殊性情，保育员便会以一种完全新鲜的眼光看待他们的新学生。谁知道孩子会不会很顺利地适应幼儿园生活，甚至连脾气都不会发呢？当然以下情况也很容易发生，即教育工作者在对孩子不够了解的基础上就为孩子贴上了"问题儿童"的标签，而这样的标签一旦被贴上就很难揭下来了。一个折中的方法便是，幼儿园开学之前，父母先不要为孩子的特殊性情大费周章，而是以积极温和的方式介绍自己孩子的独特之处。因为教育工作者在混乱的幼儿园里往往没有太多时间去倾听，而之后可以通过信件的方式告知。下面的这封来自一个情绪化儿童母亲的信便是一个很好的事例：

亲爱的彩虹幼儿园的老师们：

吉米马上就要加入你们的大家庭中，对此我十分感谢。四月份我们初次拜访时就看到了您是如何细心友好地对待孩子们的。

为了减少一些最初阶段的冲突，我觉得有必要向您说明我儿子的一些情况。吉米是一个非常活泼的孩子，他简直希望每天都能自由自在地跑来跑去和踢足球。与之相对，他简直一刻都坐不住。在家里的时候，我们会允许他在唱歌、阅读时可以不受束缚地活动，我们觉得这最有助于他集中注意力。其次吉米也是十分敏感的。大声的、刺耳的喊叫会让他感到恐惧和退缩，与他沟通最好是通过小声的、友好的语调。而且他从一年前就不需要午睡了，因此要求他中午躺着会是一种对所有人的折磨。因此我恳求你们能寻找一种替代午休的方式。如果您有任何疑问，请随时联系我。

娜丁

情绪化小学生

　　过渡对情绪化儿童来说一直是件极为困难的事情，这同样适用于从幼儿园升入小学的过程中。为了减轻这种变化带来的困扰，父母可以提前尽量详细地向他们介绍他们新的日常会是什么样的。提前告诉他老师的姓名、去学校的路、教室和食堂的位置，这些可以给他们安全感。简短来说就是，开学前孩子越熟悉新的日程，适应效果越好。

　　告别对情绪化儿童来说同样很沉重，他们小学的最初几周往往是在泪水中度过的，因为一年级的孩子总是希望父母可以陪他们坐在教室里，但这是不可能的。实际上，很多六七岁的孩子基本上还需要像在当初进幼儿园那样再进行一次适应训练。可惜几乎没有几所学校会注意这一点，他们觉得孩子已经足够大可以解决这一切了。这明显是不公平的。但这并不意味着父母必须要妥协。父母可以通过与班主任的沟通，找到缓解情绪化儿童开学初期遇到的麻烦的方法。比如在最初几天，父母可以送孩子到自己的座位上，陪着孩子待到上课，然后在教室门口分别。接下来则慢慢只送到楼梯间，然后是大厅，直到孩子觉得可以自己进学校了。还有很多孩子希望自己的父母在他们进入教室之后还能站在学校门口一会儿，即便他们看不见他们，但是这样可以给他们安全感。

　　很多想象力丰富的孩子会想象出一根连接着他和父母的线，这根线有着他们最喜欢的颜色，而且只有他们自己可以看见。这根线从教室绕过电线杆和树冠，一直延伸到妈妈的办公室或者爸爸的车里。对很多孩子来说，这种与父母的特殊联系可以让他们感到安慰。一个象征着父母的毛绒玩具或是口袋里的一块幸运石也可以给他们带来安全和被保护的感觉。

柏林的一所小学尤其关照某些一年级孩子脆弱的内心世界，并为这些孩子在学校走廊里设置了一台所谓的"思家电话"。如果孩子实在太想念父母了，便可以通过这台固定电话在课间给父母打电话。这种电话并不像很多人猜想的那样会加剧孩子的思念之情，而是应对寂寞的最有效工具。孩子可以通过电话获得所需的亲近和安全感，从而顺利地度过学校生活。老师们如果可以意识到这一点，也可以与父母一起商量设置一个私人的"思家电话"，比如在孩子的书包里放置一个可以在课间开启的简易按键手机。

当出现问题时

情绪化儿童如果喜欢上学，所有人都能松一口气。但是如果他不想去上学或者父母总是听到关于他在学校的行为的不良反馈，那么上学这件事会大大影响家庭气氛。这时候作为情绪化儿童的父母就要面临一个极其困难的任务，即无条件地站在孩子身后，但同时又要充分认识到他的行为给所有人带来了麻烦。即便是可以很好管理自己情绪的父母做到以上两点都不容易，更别说本身就情绪敏感的父母。当有人指责我们的孩子时，我们心中的狮子便开始咆哮起来，我们心中的小女孩一直哭个不停，我们开始愤怒当下教育学的无能和落后的学校体制，开始对未来充满了恐惧：现在才二年级孩子就磕磕绊绊的，以后他们会变成什么样子呀？

如果学校里面出了事情的话，父母首先要做的便是控制自己的抵抗情绪，同时清晰地认识到，埋怨和推卸责任是完全没用的，因为在这种情况下没有人该受到指责。我们做父母的不该，孩子不该，老师也同样不该受到指责。原因很简单，即是孩子的性格与我们想让他具备的性格不相匹配。而现在我们必须寻找一个兼顾各方的解决方法。凭着这个态度父母下一步应该与老师进行一场坦诚的谈话。首先，父母应该认真倾听，问题到底出在哪里？如果老师的答案很模糊，父母可以要求老师举出具体的例子来说明，比如"在哪种情况下您会觉得米娅在故意挑衅？""您从哪可以得出，尤里看书时完全是可以集中精力的，但他就是故意不这么做？"

原则上，压力造成反作用力。人在感受到攻击时很快会进入防御模式。但是如果父母沉住气并耐心让老师们把所有的失望都释放出来，就为一个有建设性的谈话奠定了最好的基础。因为对父母来说，听到别人那样批评指责自己的孩子也是一种折磨，有时候想控制自己不暴跳如雷或马上反击实为不易。但是如果我们能安静并认真倾听的话，我们就可以让对方降低心中的防线，这有助于双方的进一步沟通。

父母方面给老师最重要的信息应该是：我无条件地站在我孩子的后面，但是我也看到了问题的所在，在这个基础上，我们可以一同寻找一个解决方案。这里关键是看到每个不恰当的行为举止背后的压力因素和深层次原因。苛责和惩罚对所有孩子来说都是很可怕的，尤其对情绪化儿童来说简直是一场灾难，因为他们会产生一种感觉，即他们原来的样子是不好的。解决孩子行为问题方面的核心便是，如何帮助天性与个性独特的他们与成年人合作。无论是拒绝做作业还是在小组活动里捣乱，几乎所有学校里的问题都可以追究到关系层面的原因。同时，一个孩子越是反抗学校，他的压力就越大。在很多情况下，最好的解决办法便是先让孩子因为心理问题放一个病假，然后再重新思考他们需要的是什么，是返回到幼儿园、换一个学校还是寻找一个更自由的学习场所。因为即便我们做父母的将学校教育和与之相联系的家庭作业、课堂作业、成绩和特定的小学毕业证书看得十分重要，但是我们的孩子也许真正需要的是完全不一样的东西。

　　我一直都觉得那些非得把自己的孩子送进私人学校的家长太过夸张。我之前觉得我们家门口的普通小学也很好呀，离家近，有漂亮的操场而且所有同学都是邻居。我们的女儿就是去的这所小学，而且一切都很顺利。但是等到儿子上学的时候我们才发现了问题。我们的儿子就是没法适应一般的小学，他受不了班级里的噪音，学习上跟不上班级整体节奏，在操场上也不能把身体里压抑着的力气都释放出来。下午他经常在做作业时哭泣。尽管这样，我们还是拖了一年半，因为在德国毕竟有义务教育，而且我们想他慢慢也就习惯了。但是直到他到了二年级时还每天早上绝望地扒着门框不想上学时，我们第一次让他待在家里了，并向一个儿童心理学家咨询。她十分清楚地告诉我，像我们儿子这样的孩子在一个一般的公立学校是会崩溃的，因为对于一个如此敏感、偏爱刺激和多动的孩子来说，那里实在是太压抑了。她还问我们是否考虑过送孩子去一所自由的蒙台梭利学校③。我们开始时还存有顾忌，因为听说孩子在那里得不到分数，而且完全可以按照他们自己的进度学习。"如果他在那里不认真学习呢？"我丈夫问。心理学家则反问道："有什么能比得上他能在那里重新开心起来重要呢？"现在儿子已经在蒙台梭利学校待了两年了，而且他在那里非常好。他热爱自由学习的时间，这期间他会戴上防噪音的耳机。他爱自己的老师，因为她会陪伴班里的每一个孩子学习。但他最爱的便是能在校园里自由活动，而不是被迫安静坐着。而且他确实有认真学习。

克莱尔

---

① 推行蒙台梭利教育法的学校，这是由意大利心理学家兼教育学家玛丽亚·蒙台梭利发展起来的教育方法。——译者注

"这可与年龄不符呀！"

第一次一夜睡到天亮没有半夜醒来，第一次能自己吃饭，第一次不再需要尿布或者第一次能在外面过夜，所有这些在我们的文化里都被看作是到达一个特定年龄的里程碑式的标志。一个半岁之后还不能一夜睡到天亮的孩子会被看成是睡眠极差的人；一个直到 3 岁还穿尿不湿的孩子会被视为发育迟缓者；如果一个孩子 5 岁了还得和父母一起睡，那么父母就会被认为是过度保护孩子，剥夺孩子宝贵的发展机会。

因为"这与他们的年龄不符"！"年龄相符"这个概念虽然看起来很客观并且科学，但是往往被很肤浅地运用。因为纯粹从进化的角度来看，孩子需要年龄稍大一些才能做到一夜熟睡到天亮。全球宝宝平均戒奶的年龄为两周岁左右，而且在很多文化中，成年之前在没有父母的地方过夜简直是无法想象的。

所有这些都说明，所谓的符合年龄的行为更多是来自社会上的期待而非来自发展心理学的事实。而且在我们当代西方世界，独立受到前所未有的重视，我们也因此对孩子较早的独立能力相应有了更多期待。

这对情绪化儿童来说是一个大问题，因为他们的行为举止总是与社会对他们年龄所期待的不符，而且这个问题体现在两个方面。他们敏捷的理解力、哲学思维和强大的公平主义让他们一方面看起来比同龄人成熟很多，但是他们的情感爆发和控制自己满溢情感方面的能力欠缺又让他们显得与同龄人格格不入。对于成熟和不成熟之间的巨大差异，情绪化儿童和他们的父母都经常很难理解。"他平时可一直是个聪明的小孩，怎么现在突然闹出这些事情来，简直像一个宝宝。"这样的表述体现了很多人对情绪化儿童性情中的矛盾和困惑。

他们既非比同龄人要更成熟又非发育更迟缓，他们恰恰结合了这两种情况。情绪化儿童涵盖了一个人成熟发展中的各个阶段，这就是为什么这种内在张力会通过情感爆发的形式被释放出来。我们父母的工作便是准确识别孩子当下是处于什么年龄阶段并采取合适的应对手段。具体来说便是这样的：如果我们6岁的孩子正在像一个2岁的小孩子那样发脾气，我们就应该像安慰两岁孩子那样安慰当下的他；而如果他下一刻就像一个10岁的孩子一样，学着罗宾汉的架势在操场上打斗，那我们就要像对待一个10岁的孩子那样对待当下的他。

不断地判断孩子当下正处于什么年龄阶段，并据此不断切换自己的反应模式，一开始对家长来说也绝非易事。但长期来看这会是大有裨益的。因为当父母能判断出一个2岁的、4岁的、8岁的或12岁的孩子该处于什么样的情感和认知水平的要求时，他们就可以正确对待自己孩子当下无论是否"与年龄相符"的行为了。他们也可以更加细致自由地理解他，并在他成长的每一个阶段都给予他当下需要的陪伴。具体来说便是，暗示一个孩子他当下的行为与自己的年龄不相匹配，只会加剧他内心的冲突。但是如果我们允许孩子做真实的自己，那么他们个性中的每一个成分以及情感认知都会按照自己的速度慢慢变得成熟。

第七章

一种近乎正常的家庭生活

"这个世界上不只你一个人"

"这个世界上不只你一个人"，这句话曾深深烙在很多情绪化儿童的脑海里。确实，情绪化儿童需要很多注意力，这往往给家庭成员带来很多麻烦。耐心并忠诚地陪伴他们的情感起伏需要花费很多时间精力。因此父母和兄弟姐妹经常会感到气愤也就不令人诧异了，毕竟整个家庭不能每天都只围着你转。

"这世界上不只你一个人"，这句话里隐藏着一个真理但同时也隐藏着巨大的伤害的可能。当然情绪化儿童不是一个人在这世界上，因此也不能要求所有人都把注意力放在他身上。但是这种带着指责与愤怒的腔调也暗示了情绪化儿童是在"故意"浪费他人的精力和吸引他人的注意力，因为他们觉得世界就是围着他们转的。这是一种非常糟糕和不公平的指责，他们自己也会意识到因为自己的独特之处而总是处于显眼和得罪人的状态。没有孩子想成为父母的负担，也没有孩子想要让整个班级受累。没有人想做那个让所有人都抓狂的人。但是，当情绪化儿童在处理自己强烈感情需要帮助时，他们又能怎么办呢？

作为父母我们应意识到面临的任务的难度，同时运用自己有限的力量、时间和耐心来应对这些挑战，并尽量使得家里没有一个人被忽视。

公平不等于平等

　　很多多孩家庭的父母一开始总是有着美好的愿景，即以公平为由平等对待每一个孩子。即便是家庭中没有情绪化儿童的出现，这个计划也往往很快就失败。因为家庭生活是不断变换的，一个家庭不能对所有子女都采取同样的教育模式，因为每个人都是不一样的，都有不同的需求。如果在兄弟姐妹们中有一个尤其疯的、敏感、热爱刺激、高度情绪化，和他们的兄弟姐妹完全不同的孩子，那么这种相同待遇自然就更加不可行。而且这些孩子以一种尤其激烈的方式告诉我们，他们想要的和兄弟姐妹想要的完全不一样，以至于整个家庭可能都会有翻天覆地的变化。我们要么继续与他们无休无止地争斗，要么就要寻找给予他们特殊需求足够的空间，从而避免我们的日常生活完全脱轨。

　　很多父母都会因为理想与现实之间的巨大落差而感到良心不安，一个有效的办法便是要明白，恰恰在家庭生活中，公平与平等并不等同。为了公平对待所有孩子，我们不一定要对每个孩子都付出同等的时间和注意力。重要的是，要给每个孩子他们所需要的时间与注意力。

　　如果这里涉及的是年龄不一样的孩子，那么我们直觉上就会觉得，比起青少年，宝宝自然需要更多亲近和反馈；逻辑上一个8岁的孩子就应该自己穿衣服，而一个2岁的孩子就可以得到帮助。

　　身体上的残缺也是可接受的以不同方式对待孩子的原因。没有人会要求一个挂拐杖的男孩需要像比他小两岁的妹妹那样独自骑车去学校。人们可以看得出来，他做不到！

　　作为情绪化儿童的父母，我们也需要弄清楚，孩子也完全有权利不会做某些他们的兄弟姐妹们觉得很简单的事情。因为一个处于自己情绪旋涡中的九岁男孩和一个需要帮助的宝宝并无两样。因为精神上的残缺，如没有父母的陪伴便不敢上学，与身体上受伤的腿脚同样真实和痛苦。

　　与其纠结于我们既然已经不能实现公平对待的理想，不如有意识地创建一种新的家庭氛围，即让孩子们认识到，即便父母对待我和对待兄弟姐妹们不一样，这也不是不公平或令人厌恶的。这只是意味着我们每个人都是不一样的，因此需要的东西也是不一样的。

现在我只陪你

　　情绪化儿童的父母经常被指责他们只照顾某一个孩子而忽视了其他孩子，这种指责往往会直击内心，因为这些指责在一定程度上是真的。特别是当我们初次遇见情绪化儿童时，我们往往会在思想上情不自禁地试图更好地理解和照顾我们这个特殊的孩子的需求，以至于慢慢忽视了其他孩子。但是即便我们根本一点都不了解孩子的特殊性情，心中也会一直想着他，因为他那么需要我们，需要身体上的亲近，让我们也有那么强的保护欲望，因为我们总是想着他的特殊性情并为他的未来担忧。他的兄弟姐妹们就显得不是那么突出而十分随和，同样也更独立，以至于我们不会像对待情绪化儿童那样关注他们，但是我们自然一样爱他们。

　　但是无论孩子是多么懂事和独立，在意识到父母在弟弟或者妹妹那里花费了那么多时间精力和注意力时，都会觉得不开心、受伤和不公平。对此，孩子向父母表达失望的方式非常不一样。有些孩子会慢慢关闭心门，让自己几乎变得隐形，并希望有人也许什么时候会去寻找他们。其他孩子会突然强烈反抗并开始大喊大叫、张口大骂、乱扔东西并且坚信着：如果只有疯起来和不受控制才能在家中得到注意，那么就请看吧，这个我也可以！

　　为了预防这种情况或者在事情已经发生时及时打断，父母首先需要做一件事，即有意识地为每个可能会遇到困难的孩子抽出时间。去倾听他们想说的话，承担相关的后果，并且一起寻找可以给每个孩子提供他们需要的亲近、爱和注意力的方式。这些可能会比我们给情绪化儿童的少，但是也是完全必不可少的。

为了防止在事情繁多的家庭日常中忘记了对孩子给予一定的注意力，我们可以设置一个固定的日程，比如每天晚上在睡前半小时，爸爸或妈妈去到姐姐的房间里为她读书、和她谈话，并且把房门关紧，防止弟弟在这期间进来并将所有的注意力都转移到他的身上。或者每周六下午，爸爸和儿子一起去为家庭采购并且和他聊一些关切的事，以防这些事情积压起来让小男孩抓狂。

重要的是，兄弟姐妹们在这期间也可以表达他们对情绪化儿童累人性格的失望和气愤，而不会马上受到批评和指正。一句诚恳的"是，有时候我们也很受不了"也可以让他们减轻心理压力，而不是害怕自己在说自己情绪化兄弟姐妹的坏话。

给所有人的避难所

有的情绪化儿童对有自己的房间有着非常强烈的诉求，而另一些则完全不需要这些，因为他们最喜欢和父母待在一起。在考虑情绪化儿童的回避和亲近要求的同时，我们一定不要忽视了其他孩子在这方面的需求。因为他们完全需要一个可以保护自己远离情绪化兄弟姐妹情感爆发的庇护所。但不是每个家庭都可以承担起两三个甚至四个儿童房间，也不是所有家庭都可以让所有孩子共用一个房间。对那些需要与自己情绪化兄弟姐妹分享一个房间的孩子来说，这简直是一个过分的要求。承受情绪化儿童剧烈的感情波动并去平息它，即便是对成年人来说都是一件苦差事，更别提对孩子来说会是多么严重的折磨。如果家里被孩子争吵弄得家宅不宁，那么父母完全可以考虑调整一下房间分配。也许姐姐和妹妹可以住在一个房间，那么儿子就可以有属于自己的天地？或者可以将爸爸的书房挪到卧室，这样就可以改装成第三个儿童房？既然所有东西都放在大卧室里了，我们是否还需要一个起居室呢？或者我们在儿童房间上面再设置一个带梯子的，只有大孩子可以上去的阁楼，这样他就可以不受自己爱发火的妹妹的影响了。

如果实在腾不出那么多地方，使每个人都能有自己的私人避难所，那么家里也可以设置一个放松的场所，每个人都可以按照自己的需求使用这个场所。这也不啻为一个好的解决方法。比如可以在父母的卧室里放置一个舒服的沙发，当十岁的女儿实在受不了外面的噪音时就可以躲在沙发上，这样当家里又"火烧连营"时，父母至少可以喘口气了。

"小家伙总是把一切弄得天翻地覆"

尽量避免引发孩子不必要的焦虑是大多数父母的生存法则，因此情绪化儿童的父母经常严格对待那些可能会造成孩子情绪失控的事件和场合便不足为奇了。这一方面是一个聪明的解决方案，没有人会需要更多的焦虑，但这也会造成有情绪化儿童的家庭驻军在家的情况，他们试图通过这种方式来避免日程被打乱和一个接一个的情绪爆发。无论是参加表妹的婚礼或是和邻居一起庆祝街道节日，情绪化儿童家庭总倾向于闭门不出。

如果说家中只有一个孩子，那么采取这个战略可能会意味着父母需要面临孤独，但这是完全可行的方案。但是对于多孩家庭来说，这种策略就可能成为其他孩子的灾难。他们不能出门去参加那么炫酷的活动，仅仅是因为他们的情绪化兄弟姐妹总是倾向于把什么都弄糟？这是多么令人发指的不公平啊！

即便父母为了照顾情绪化儿童只是拒绝了一半的或者三分之一的活动，他们的兄弟姐妹也会清晰地觉得，我们的弟弟比我要重要得多，仅仅因为他我们就要无聊地待在家里。去要求孩子理解这样的决定（你明明知道弟弟没办法忍受那些噪音！）即便对青少年来说都是一种过分的要求，最糟糕的情况下，这还会影响兄弟姐妹之间的关系（所有事情都是因为弟弟就不能做！）。

那么遇到这种孩子需求冲突的情况，父母应该怎么做呢？有时候夫妻双方可以分开行动，一人照顾一边。他们也可以帮助情绪化儿童为这种潜在的有挑战性的社会活动做准备，这样每个人都可以收获乐趣。有时候也可以求助于其他家庭，比如拜托朋友带大女儿一起去圣诞市场或者照顾小女儿，而父母这时候可以与其他孩子待在一起。而且如果父母向孩子说明这个困境并征求孩子的意见，那么有时孩子的想象力和创造力也是令人震惊的。有时候也会出现问题完全没法解决的情况，这时候该怎么办呢？这时孩子需要父母做出一个决定，尽管他们可能不喜欢这个决定。这时父母就得尽量抚慰孩子的失望和埋怨了。

我们能得到多少谅解

有着强烈情感生活的孩子尤其容易受伤，而且任何鄙视的眼神和不友好的评论都可以深入骨髓地伤害到他们。这时候我们就要预料到危机的爆发。如果情绪化儿子开始怒吼着释放他的愤怒和绝望，我们应该告诉他的姐姐这种愤怒并非是针对她的，他实际上也不想那样。如果她也大喊着回复过去，我们往往会严厉地批评她：你现在是要干什么？肆意践踏你弟弟的感情吗？尽管父母介入这样的争吵并采取这样的解决方案看起来合情合理，但是这可能为姐弟关系带来非常严重的后果。

因为毕竟情绪化儿童并不是生病或残疾，他们只是对压力和情感控制更加敏感而已。他们自然值得我们更加细致的照顾，但是他们自己也需要锻炼应对日常挑战的能力。情绪化儿童的兄弟姐妹在这一学习过程中扮演着十分重要的角色，他们将外界的信息带到了家庭中，并毫无质疑地给情绪化儿童带来一定的焦虑感。他们同样也给情绪化儿童机会，让他在绝望情况下被保护并在父母的陪伴下练习应对方案。相反地，孩子们可以从他们的情绪化兄弟姐妹那里学到，语言的影响力到底有多大，并意识到要小心地应对他人的情感。

与其要求情绪化儿童的兄弟姐妹关注他们敏感的兄弟和容易受伤的姐妹，而给孩子赋予一种特殊的角色，我们做父母的更应该试图建立一个互相尊重的家庭成员互处模式。一个清晰的、共同制定的书面家规大有帮助，它有助于提醒孩子和父母，每个家庭成员都对整个家庭负有责任。

混乱升级：照顾情绪化兄弟姐妹

几乎每 7~10 个宝宝中就有 1 个是情绪化儿童。因此从数据上看，一个家庭中似乎不太可能同时出现 2 个或 3 个情绪化儿童。但是一些家庭中，又可能一下子冒出一堆的情绪化大人和小孩。因此一些家长就要面临同时抚养多个情绪化儿童的责任。这就意味着更多欢笑和更多愤怒。

但是问题在于，家长如何能在自己不崩溃的前提下同时满足这么多情绪化儿童的各种要求呢？相关父母表示，在最初几年里，事关生理上的要求确实很难解决。但是情况慢慢便会得到改善。因为情绪化儿童之间存在着一种非常强烈的联系，他们不仅可以相互了解，而且完全可以理解其他人的感受。这当然不意味着情绪化兄弟姐妹就不会互相吵架，毕竟每个情绪化儿童都有自己的性格特点。但是如果两个孩子都很多动，并且需要回避的空间，且在学龄前便可以直接清晰地反映和谈论自己的要求和情感，这对家庭生活也是大有裨益的。

首先情绪化儿童可以互相学习如何处理自己的强烈情绪，同时父母需要认识到，照顾多个孩子几乎等同于一个拿不到酬劳的高强度的全职工作。确切来说便是，认为自己在照顾情绪化孩子之外还可以像其他带两个孩子的人那样去工作和照顾家务，长期以来是行不通的。因为照顾两个情绪化儿童的工作量不等同于照顾两个普通孩子的工作量，而等于照顾八个孩子的任务量。如果父母因此而放弃家务，也是可以让人理解的，不是吗？想要在家中照顾两个及以上情绪化儿童而不疯掉的最有效的办法便是，尽可能地寻找帮助并尽量缩减所有额外的工作，只有这样父母才有可能真正享受带孩子的特殊乐趣。

我们需要一个部落

从进化的角度看，我们人类本就是一种合作培养的产物。也就是说，我们倾向于群体化抚养自己的孩子。我们的祖先几千年来曾以部落的形式生活，一个部落里有 30~40 人，有的有孩子有的没有，有的相互之间有血缘关系而有的则没有，他们生活在一起，并像游牧民族一样从一个地方转移到另一个地方。他们共同处理很多事情，如收集浆果、打猎、生火、制皮革、做饭、建造武器以及抚养孩子。有人类学家认为，很多父母当下这么不容易，因为我们本来从生理上就不适应于作为一个小家庭在四居室里生存。我们真正需要的是一个可以应对寂寞和互相帮扶的部落。

对于情绪化儿童的父母来说，这意味着，我们从自然发展的角度来看，就没有必要每天独自面对孩子的强烈情感爆发。照顾像我们孩子这样的工作至少需要 5 个人来完成。我们会这么精疲力竭也就没什么奇怪的了。

当然我们也不想让历史倒退，再次像石器时代的原始人那样生活。但是我们可以从中知道，我们是作为共同体照顾孩子的，我们也可以从中吸取有用的经验。德语区奉行这一原则的先驱是记者兼作家尤利娅·迪博（Julia Dibbern）和妮可拉·施密特（Nicola Schmidt）。她们创建了所谓的"合理分类"项目，来帮助父母减轻孩子和自己的生活负担。他们最大限度地开发了合理分类这个词，即最大限度地按照人类的需求来生活。两位开创者最重要的讯息便是：我们做父母的不一定要办成所有事，我们需要一个部落。

这种号召对情绪化儿童的父母来说尤其重要，不仅因为他们特别劳累，而且他们也因为孩子与他们亲密的情感联系而倾向于不让其他人参与照顾孩子的工作，防止给敏感的孩子带来更多压力。因此认识到下面这点就更为重要了，即这种合理分类的支持虽然也可以通过家庭之外的帮助来达到，但是与部落思想又是完全不同的。因为它不试图将父母和孩子分开，而是通过团体给家庭解压。

日常生活中可以借助合理分类的部落为情绪化儿童的家庭解压，具体思想如下：

家长小组。即父母互相组成小组，并在照顾孩子方面互相支持和帮助。理想情况下，一个这样的下午结束之际会有一个整洁的房间、一个释怀满足的孩子和终于可以再次为自己的社交电池充电的父母。

亲和力。对于没有孩子的人来说，一个漫长、空虚的周日往往再熟悉不过，这让情绪化儿童的父母简直无法想象。基于这种事实，他们完全可以做一个转变，将自己的活泼的孩子借出去一两个小时，让他和没有孩子的人一起在操场玩或者钓鱼，或者随便干点什么。这些没有孩子的朋友、亲戚和熟人可以成为情绪化孩子的珍贵的好朋友。这也可以为我们做父母的争取一点宝贵的喘息时间。

购买的支持。能在一个部落里互相不求回报地帮助照顾孩子自然是一个美好的愿景，但是花钱买服务，也不失为一个帮助精神紧绷父母减压的好方法。只要钱包受得了，父母完全可以理直气壮地接受家政助理、比萨外卖员和当地洗衣房的帮助。

网络上的部落。一个部落最重要的功能之一不仅在于日常生活中的实际支持，还有情感上的依靠。如果情绪化儿童的父母觉得自己在亲子组里像一个外星人，他们就可以在网络中寻找志同道合和情况相似的人，然后互相支持，即便是现实情况不允许他们亲自会面，他们也可以通过平板或手机相互支持。在脸书上就有"理解和伴随情绪化儿童"小组，在这里父母可以相互沟通想法和互相支持。

爱的联系

　　情绪化儿童能遇到的最美好的事情应该就是一个大家庭的支持了。如果可以将日常生活中照顾情绪化儿童所需的陪伴、支持和加油打气分摊到多个肩膀上，那么不仅父母可以偶尔放松一下，孩子也可以与多人建立信任关系。可惜这种支持只有极少数的人可以享受到。这不仅是因为当下祖父母、孩子和孙子、叔嫂的住处都隔着上百公里。空间上的距离尚可以被逾越，更困难的是，如果想法观点不一样，住在一起反而会更糟。

　　很多情绪化儿童的父母在日常生活中总是会重复怀疑自己的某些行为举措，因为他们总是从家庭成员那里得到一些反馈，比如你是否听过以下这些说法呢？

- ○ 吃饱的、满足的宝宝也应该一个人在摇篮里躺一会儿了。
- ○ 喂 3 个小时的奶实在是不太正常啊。
- ○ 所有宝宝都喜欢坐车。
- ○ 宝宝可不能自己决定他们要吃什么。
- ○ 应对这么大脾气最有效的办法就是直接忽视它。
- ○ 好好调教的孩子哪有这么倔！
- ○ 孩子绝对不能睡在我们的床上。
- ○ 两岁了还给孩子喂奶的父母就是不能放手。
- ○ 所有宝宝都哭，这没有什么大不了的。
- ○ 孩子倔起来时绝对不要服软。
- ○ 孩子最喜欢在祖父祖母那里过夜了。
- ○ 就这样的一个孩子可不能改变你的一生啊！

- 孩子都需要适应。
- 所有孩子都喜欢去幼儿园。
- 都已经五岁了，怎么也应该可以自己玩半个小时了！
- 每个孩子都应该清楚地认识到要学会一个人睡觉。
- 孩子必须认识到，他们光靠哭嚎是达不到目的的。
- 孩子的行为往往反映了父母的教育水平。
- 放松的父母就有放松的孩子。
- 我们需要让孩子认识到，并不是什么都是他们说了算。
- 你不去管哭着的孩子，他自然会自己好起来的。
- 不要在孩子旁边这样大喊大叫。
- 你越关注，他就越惹事。
- 孩子都坚强得不得了，不会累着的。
- 我这样做了也没有什么损失。

情绪化儿童的父母可以发现，这些对情绪化儿童来说根本就没有用。他们意识到，严厉和惩罚对这个孩子一点都不管用。他的意志和感情是那么强烈，以至于我们要么一直和他们斗智斗勇，要么就接受孩子的本性并寻找让他和我们合作的途径。

我们的亲友，尤其是父母往往很难理解我们的这种行为。孩子强烈的情感表达，尤其在他们看来失败的亲子模式，常常让父母滋生出困扰和矛盾的感觉，这些感觉包括惊讶、错愕，乃至痛苦、指责与拒绝。因为我们祖父母那一辈在孩童时代从来没有认识到可以发泄自己的强烈情感，因此很多人便会产生一种自动的保护和防卫反应。他们将这些对情绪化儿童的感觉以批评、指责、嘲讽和刻薄的形式表达出来。这对父母来说是一种噩梦般的经历，尤其是本应最关心家庭的祖父母，往往适得其反，在孩子最脆弱的发育阶段给他们造成难以挽回的伤害！

就此，这些父母更应该知道以下这些：

别人对我们和我们孩子的想法很大程度上说明了他们是什么人，而并非我们真的就是什么的人。

往往恰恰是自己家庭内部成员会充满怀疑地甚至毫不掩饰地贬低情绪化儿童和他的父母，这其中有一个简单的原因：这些孩子放肆的难控制的情感和我们自己细致敏感的照顾让很多人想起了自己的童年。与我们让孩子表现真我相比，他们童年的许多心酸不禁涌上心间。由此，我们的行为动摇了他们曾相信的关于自己和童年、父母直至身为人父或人母的一切。因为我们不试图通过暴力压制这些感情，恰恰让我们的父母姐妹想起他们童年类似的情感。而这些感情可能至今依旧被深深的愧疚、怨念和痛苦掩埋。而现在我们开始通过我们的方式来让我们的父母反思，他们一贯以来对这些情感的忽视和压制、迫使不听话的孩子屈服以及将叛逆的青少年禁足的决定是否是正确和必要的。我们甚至试图通过我们的行为说明，保护孩子的反抗和敏感的神经是更正确的。

不，这不能也不应该是正确的。

因为如果我们所做的是正确的，那么谁又做错了呢？

理解这些人表达反感的背后原因自然不能说明他们的越界、贬低和伤人就是合理的。但是认识到我们与孩子的交往方式对很多亲戚的威胁其实来自于他们的自我认同，我们就可以不将他们的攻击太私人化，而是将他们作为他们表达自我不安全感的一种方式而已，而且这种表达与我们和我们的孩子完全无关。

　　而且这条法则不仅适用于父母和祖父母辈分的家庭成员，还有很多兄弟姐妹、堂兄妹等也会对情绪化儿童以及他们敏感的父母的相处方式表示质疑和批判，这又是为什么呢？因为看到别人质疑自己与孩子的相处模式是让人很不愉快的一件事。而且父母经常坚信，懂事、容易照顾的孩子是良好教育的结果，直到他们自己遇到了一个情绪化儿童来将自己之前的认知全部推翻。

　　一个情绪化儿童可能会成为代际冲突的前沿阵地，并使得亲友关系破裂，因为他们的教育观念实在是无法统一。与此同时，他也可以帮助家庭成员走得更近，因为他可以促使父母和祖父母通过对话释放自己压抑的情感，思考家庭中曾出现过的和当下的情绪化和非情绪化儿童的教育。

　　以下这封信可以帮助他人去理解情绪化儿童和他们的父母。

亲爱的亲友们：

　　你们肯定已经发现我们的孩子和很多孩子不太一样。既冲动又敏感，每天我们都要经历他过山车般的感情起伏，这些都足以让人头晕目眩了。我们理解，这些有时候让你们也很疲惫，你们也许会问，为什么恰恰我们的孩子非得这么特立独行呢？他们难道不能尽力控制自己并表现得像其他孩子一样吗？这里您需要了解，我们的孩子这么特立独行并不是因为我们惯着他。事实上，我们恰恰在非常认真地履行自己做父母的职责。因此我们也专门探究了孩子特殊性情背后的原因，结果我们发现每10个孩子中便有一个行为举止较其他孩子不相同者。

这些孩子尤其容易受到外界的影响并且很难处理外界的过度刺激。因此他们往往面临着巨大的心理压力。此外，这些孩子的感情要比常人强烈很多，因此经常被自己的喜怒哀乐战胜。这些孩子被称为"情绪化儿童"，我们相信你们通过这种表述也可以识别出我们的孩子。

情绪强烈并非是精神失调或病症，我们的孩子非常健康。但是在外人看来再平常不过的日常生活对他们来说也隐藏着众多危机。因此我们将理解和帮助孩子应对他们混乱的、强烈的情感视为自己的职责。每种形式的额外压力，特别是警告或惩罚只会起到反作用。我们的孩子只能在心安的情况下学习冷静。因此我们也努力成为孩子可依赖的、耐心和冷静的指路人。我们也相信他们没有任何恶意。即便他们依旧嘶喊怒吼，他们也不是想激怒我们，他们只是在向我们展示他们的情感。

当然，这些有时候也会让我们抓狂。而且我们理解，你们的建议真的只是希望能够帮助我们和为我们减压。但只是一贯强调，如果你们站在我们的立场上会怎么办，对我们实在是没有太多帮助。如果你们真的想支持我们，那就告诉我们，我们的做法是对的，在我们没法参加家庭节日或者在拜访中经常要中途折返时谅解我们，当我们陪伴正在发火的孩子时不要翻白眼，并且不要将我们的孩子和其他孩子做对比，而是接受他的独特之处。因为我们的孩子是十分美好的孩子，我们希望，你们也能这样看待他们。

此致
敬礼!

一个情绪化儿童的父母

恰恰在婆婆这里

情绪化儿童有非常敏感的触角，他们能非常准确地感知到极其细微的东西。比如当我们遇见我们的同事、老师和岳父母的时候会不自然地紧张，并希望孩子能老实一点、不要惹事，能像一个普通小孩那样安静、友好、放松并且绝对不要发飙。

我们的孩子好像根本听不到我们的这种临时的、无声的祈祷，但是他们能马上感受到我们现时的情感。我们所有的不安全感、羞耻感、紧张与不信任感这时候通过镜像神经元直接到达了孩子的大脑并在孩子大脑中敲起警钟：注意注意，妈妈现在很紧张。接下来将会发生的我们都不陌生：孩子会突然变得多动和紧张起来，像被毒蜘蛛叮过似的跑来跑去，而且再也不让别人安慰，或者直接发一场莫名其妙的大火。我们就会想，这个孩子就不能懂事一次，不让我们丢脸吗？但实际上是我们自己不自觉地释放了紧张信号，以至于他们根本没办法做出其他反应。一个更有效的策略应该是坦白自己的感情并且给孩子具体的行为建议，这样，孩子也许能够成为推动会晤成功进行的重要因素。孩子绝对是愿意合作的，此外我们还需要现实一点。比如你四岁的孩子真诚地向你保证，他会安静地坐在桌边和奶奶一起喝咖啡，并且不惹任何事情出来。在那个瞬间他确实是认真的，但是他没办法履行这个诺言，因为这个任务对一个好动的四岁小男孩来说实在是太困难了。但一个四岁的男孩可以是一个很优秀的使者：预先品尝饼干并递给客人，端咖啡杯以及在客人用餐期间围着桌子询问客人的需求。这些才符合他们的活动和自主权需求，缓和他们的情绪并将最好的一面展示出来，最理想情况下，这还能帮助父母放松和减压。

家族中的情绪化血统

如果我们还记得情绪化人群仅仅是大脑的构造不一样，我们就完全可以理解，这种基因上的特殊性也有很大可能是遗传性的。也就是说，有一些大家庭里可能一个情绪化儿童都没有，但是在另一些家庭里他们又好像总是聚堆出现，甚至每个代际都有。因此很多关于情绪化儿童教育的冲突实际上很大程度上是一种跨代际的精神创伤。曾经的情绪化儿童看到当下人们对待情绪化儿童的方式往往会感到心痛，我们也就可以理解，为什么他们有时候会尤其强烈反对这种"新式的教育模式"，因为它在威胁着他们的自我认同。他们不禁会思考，如果当初他们也被这般友爱地接受和帮助，也许他们的人生完全会是另外一番样子。但是幸运的是，一些年迈的人也可以通过他们的情绪化孙辈或者曾孙辈重新审视他们被臆想的缺点。有时候仅仅看到今天的情绪化儿童终于可以做自己，他们那些多年的伤疤也可以自行愈合。因为这让被涉及的成年人认识到，当年的我并没有错，我只是生错了年代而已。

当莫里茨还是宝宝的时候感情就异常强烈。他会长时间地尖声大哭大喊。当他的要求遭到拒绝时，比如他要我的钱包我却不给，他就长时间地闹脾气，以至于一天两三次这样的冲突让我根本就受不了。自然我在很多母亲那里得了一个懦弱的名声，说我惯出来了一个小皇帝。

但是莫里茨不仅仅意志坚定，如果他对什么感兴趣的话，也可以非常专注于一件事。九个月时他曾经和一个小朋友一起迷上了钢琴键，那个小朋友整天咯咯地笑，莫里茨则像在为音乐会排练那样认真。从两岁开始他就每天都会发火，有时候持续一个半小时。他总是像完全变了个人似的，而且整个身子都在颤抖。

现在莫里茨已经8岁了，我没有见过比他能通过更多种方式表达情感和比他更活泼的孩子。他简直可以让人难以置信地喜欢他。如果我有什么不舒服的地方，他马上就可以感知到并且表现出同情。他的强烈情感和能量可以瞬间以唱歌、扮演小丑及类似的方式爆发出来。另一方面他也能安静地坐着，他开始画画并且每天花非常多的时间来练习。他每一张画稿都想得到我们的肯定。他的图片往往来自他的细致观察。

同时莫里茨直到二年级依旧一直还有睡眠问题。他很少能一夜熟睡到天亮，而且总是需要父母的陪伴才能重新入睡。而且他的情感也像之前那样极端：每种不舒服的感觉都会让他立即陷入恐慌。不喜欢的东西会让他感到恶心，他完全受不了不公平的事情，而且如果他的弟弟说错了什么话，他会替他感到十分羞愧。

作为父母我们经常被指责太放任我们的儿子，但是我们就是可以感觉到，莫里茨就是需要一些独特的东西：理解和陪伴。因此，我们最常说的一句话便是："我知道这种感觉很强烈，但这只是一种感觉，它会慢慢消失的。"

最近当我告诉我的父亲，我觉得莫里茨是一个情绪化儿童，而且是家里的第一个完全可以做自己的情绪化儿童时，我看到父亲的眼中满含泪水。这是我第一次看见父亲哭。他什么都没说，但是我能确定他当时肯定是想起了自己被通过暴力方式摧残的童年。自此之后他经常以一种更加慈爱的目光注视着莫里茨。而且我感觉到，看到莫里茨能够自由且不受拘束地长大，也帮助我的父亲慢慢愈合了他心中多年的创伤。

蒂娜

情绪化儿童成为夫妻关系危机来源

很多夫妻会将孩子视为他们爱的结晶，但是此后他们的爱情又常常为这个孩子所累。这确实是一个普遍现象。几乎所有父母都会在一定程度上将他们的宝宝视为一种关系调节器，尤其是他们的第一个孩子。但是如果一个感情强烈的幼儿后来又长成一个情绪化的孩子，那么夫妻关系反而会受损。因为父母会认识到，对待一个不怎么睡觉还总是哭泣的宝宝只需要熬上几个星期或者几个月，他们尚且还可以通过"睁一只眼闭一只眼"的策略存活的话，那么陪伴一个情绪化儿童成长则是一个漫长的让人崩溃的过程。因为仅仅是闭上眼睛逃避就和咬牙切齿一样不会起任何作用。而解决方法便是，将家庭关系中的影响因素单个拿出来解析并逐个击破。

注意亲近满溢现象

关系需要维护才能存活。也就是说，我们需要为对方付出时间、注意力和亲近来强化双方的联系，让爱继续存活。很多夫妻的问题在于，他们每天都在为维护与孩子的关系上花费很多时间，但是却忽视了维护与另一半的关系。如果他们还遇到另一个需要亲近的情绪化儿童，那么尤其是母亲会受不了过度的身体接触。她们往往对身体接触已经达到了饱和状态，以至于宝宝睡后，她们连一丁点儿的身体接触都受不了。也就是说没有拥抱、没有亲吻，更别说其他的接触。

情绪化儿童父母的这种状态可能会一直延续到宝宝阶段之后。经过无数个小时的拥抱、安慰、拉扯、玩耍和陪伴，他们往往已经受够了亲近的感觉，能量也几乎耗尽。这确实不是维护夫妻关系的最优方式。

夫妻脱困策略

减压。夫妻之间并非一定要靠身体接触才能维护感情。日常生活中最细微的行为也可以有助于建立亲近和维护感情。比如每天互相发送充满爱意的短信，当孩子睡着之后一起喝茶或者品酒，每晚一起看一部爱情片。

减少焦虑元素。每减少一个焦虑元素，就会为提升感情创造一定的空间。找一个家庭帮手确实需要花钱，但是至少比婚姻咨询和离婚要省钱。

反思育儿原则。母亲们经常觉得自己与情绪化儿童联系如此紧密，以至于她们完全无法放心一周中将孩子交由他人照顾。如果她们自己可以轻松胜任，那就没什么问题。但是如果她们已经压力过大，那么这样坚持下去也只会损害双方关系。在这种情况下，她们可以再思考一下所谓的正确的育儿原则，并且允许别人帮助自己照顾孩子。

同样关注自身要求。很多情绪化儿童的父母有时太习惯于一切以孩子的要求为先，而淡忘了自己的要求，以至于等孩子已经长大之后他们还没有跳出这种模式。但是即便情绪化儿童多年来需要尤其多的陪伴与照顾，随着年龄的增长，他们也会慢慢学会关注他人的需求。比如他们会慢慢练习一个人待在自己的房间里一段时间（父母要记得计时），来让父母能有自己放松的时间。

相互支持。推卸责任和在照顾情绪化儿童时关于教育理念的争执是夫妻关系中的致命毒药。"这一切都怪你"是夫妻之间相互指责时会说出的最糟糕的话之一。但是如果他们反过来相互支撑的话，比如"这确实不简单，但是我们有一个这么好的孩子，而且我们会一直共同陪伴他成长"这样的话语则可以将夫妻双方紧紧联系在一起。

如何应对不同的教育理念带来的冲突

如果自己的孩子与众不同，且家庭生活因此而困难和复杂许多，父母之间的冲突往往会围绕以下两个问题产生："谁应该对这一团糟负责？"以及"我们应该怎么办？"

第一个问题我们完全可以通过常识解答，即没有人应该为情绪化的特殊性情负责，因为他们的强烈诉求和感情强度只是一种无人可以控制的个性发展的一种表现形式而已。

第二个问题则要困难得多。因为纵观世界上的各种文化和时代，无论是单个的家庭还是整个社会，对于如何正确与倔强调皮的孩子相处，都有不同的解读。因此如果一个家庭中两种截然不同的观点相互碰撞的话也是再正常不过的。无论是认为自己的职责是将孩子改造成一个好人，还是相信孩子已经是一个好人，都是完全可以被理解的。夫妻中一方说"我们不能强迫孩子"，另一方却反对道"但我们也不能宠溺孩子呀"，那么现在到底该怎么办呢？

在出现这种冲突时，父母一定要记住，我们争吵的根本也是出于对孩子的爱。我们的伴侣也是希望我们的孩子能幸福健康地成长并学会掌控自己的人生。我们只是殊途同归而已。认识到双方对孩子共同的爱可以帮助双方化解冲突。因为只要夫妻双方认识到，即便是最残忍的教育理念也是以爱为基础的，他们就可以共同寻找一条应对怀疑和恐惧的道路。情绪化儿童父母的一大优点便是可以敏感地理解其他人的复杂情感。如果他们也能理解自己的另一半，他们就可以看到，在完全不同的教育理念背后隐藏着相同的期待和祝愿，即希望自己的孩子和自己能一切都好，自己的孩子在幼儿园、学校以及以后进入社会都能一切顺遂，能有朋友以及我们的家庭生活能够再次变得轻松愉快。

意识到这些共同目的，父母就可以更加轻松地为促进家庭的和谐制订详细的计划。这些计划不仅关注情绪化儿童的需求，同样关注所有其他家庭成员的需要。每个人都有自己自由发展的空间以及在家中的分量。

我们当时很绝望，我们整个的家庭生活都围绕着 8 岁的女儿莉莉。我们害怕她爆发并拳打脚踢，因此我们试图避免所有可能导致她情感爆发的因素。莉莉不喜欢花椰菜的味道，于是我们便不再做任何含有花椰菜的菜肴。莉莉不喜欢做家庭作业，于是我们就帮她做。莉莉不喜欢保姆，于是我们就再也不出门。我们原想，我们越是关注她的各种需求，她应该也就会同样这样对我们。但是与之相反，情况却变得更糟。莉莉再也不与我们交谈，她直接喊着向我们发号施令。如果我们不听从，她就拿我们的家具撒气，有时候甚至拿她两岁的弟弟撒气。再也不能这样下去了。一个朋友建议我们向家庭调解员求救。我们原想她应该会更多地和莉莉一起交谈，但是她更经常和我们沟通，并且让莉莉安静地坐在一边。在我们的女儿面前说出我们的困难对我们来说并不容易，但是调解员认为，这个问题和全家人都相关。因为我们不是在寻找需要被指责的人，而是试图寻找解决方案，因此让莉莉在一旁旁听是完全合理的。从多次谈话中，我们认识到，我和丈夫一直都想用爱和理解陪伴莉莉战胜她难以控制的强烈情感，但是这种纵容已经超过了我们自己的底线，以至于莉莉失去了依靠和导向。一开始我难以接受这种想法。我们从来没有想过，孩子也在寻找界限吗？我们难道不应该让孩子自由地、无拘无束地长大吗？确实，调解员回答道，但是界限分两种：非个人的和个人的界限。非个人的界限往往是强制性的并且会限制自由，而个人的界限则像一个有力的拥抱一样让孩子感受到依靠和安全。此后我们就在家中设置了更严格的规矩：一起吃饭是不容商讨的，同样每天下午莉莉也需要做家庭作业。如果莉莉想向我们索要什么，便一定要礼貌地提出而不是简单地吼叫。莉莉一开始一点都不开心且极力反抗。但是通过调解员的帮助我们更加明晰了我们的立场，用语言表达便是："我希望你用友好且完整的句子与我们说话！"大约3周后，情况有了很大的变化。莉莉显得不再那么焦虑而是安稳了很多。那个指挥官消失了，相反她开始越来越和善地告诉我们她的焦虑和需求。当然她有时候还是会发火，但是因为我们迅速反应并立刻将她弟弟带出火力区，她的爆发对我们来说就没有震慑作用了。她的爆发依然很折磨人，然而，她已经不能继续主导整个家庭生活了。这个权利，同时也是义务，是属于我们成年人的。

彼得拉

安全的港湾

情绪化儿童的父母往往会为自己不能陪伴孩子而感到良心不安，尤其当孩子开始大声抱怨他们对此多么厌恶时。因此我们需要认识到，所有孩子包括情绪化儿童都活在当下，且他们的短期诉求往往比他们的长期要求更为重要。对于父母来说，确实，当他们拒绝一直都陪在孩子身边且要求要有自己的空间，很多情绪化儿童会感到短暂的失望和焦虑；熟悉的日程发生变化时，如父母去剧院而委托保姆送孩子上床时，情绪化儿童也会感到焦虑。父母自然需要将他们的愿景同样列入参考因素中，但是在最初几年中，想要不带孩子度过一个多日假期还是不怎么可能的。

但是意识到孩子虽然会伤心焦虑但是不至于坠入绝望这个事实，也可以鼓励夫妻为自己留出一些空间。因为稳定的夫妻关系是美好的家庭生活的基础。没有什么比夫妻之间的相亲相爱能给孩子更多的安全感。在人生最精彩的年华与孩子们一起度过，呵护爱情和亲情，是父母可以送给孩子和自己最宝贵的礼物。

独自抚养情绪化儿童

　　不管孩子是否情绪化，作为一个单身母亲或父亲，抚养一个或多个孩子都是一件尤为困难的工作。因为这不仅意味着从早上催孩子起床到晚上监督他们刷牙，所有的任务都需要一个人承担，还意味着一种孤单。即没有人会和你一起庆幸，孩子安全地到学校了；没有人会和你一起担忧、一起忙碌，当事情不顺利时和你一起埋怨。最重要的是一个人抚养孩子意味着你完全没有喘息的机会。你不可能暂时放弃对孩子的照顾，你不能偶尔给自己考虑一下，好好喘口气。而这恰恰是父母在照顾孩子中需要的自我充电的机会。但是离婚之后他们就丧失了以上这些机会。因为不像电影中常演的那样，离婚之后双方也会共同照顾孩子。在更多情况下，离婚同时意味着作为父母组合的合作关系的结束。这会给此后对照顾孩子负绝大部分或者全部责任的那一方带来难以言说的困难。如果他们还遇到了情绪化儿童，就必须长年累月地一个人面对孩子的情感爆发。这也就不怪很多父母在这种压力下几乎崩溃了。一些好意的建议，如让他们给自己留出一点放松的时间，经常被他们视为赤裸裸的嘲讽。因为即便只有将自己照顾好了，才能保证日常生活的正常运行，但是很多单身父母就是没有这种特权。即使是另外一些减压措施，如寻找家务帮手、雇佣日护或者缩减工作时间，对这些单亲家庭来说也尤为困难，因为经济压力过大且可以替他们解压的人也早已不在了。因此很多单亲父母会觉得自己的人生被太多的压力紧紧束缚住了，以至于他们几乎看不到任何解脱的可能。

　　这样复杂的困境自然很难找出一个简单的解决办法。当然长期来看，单亲父母可以尽量与他人接触，互相帮助和解压，但是建立这样的关系网，同样也需要大量的时间和精力，而这些对很多困境中的父母来说也是很难得的。因此更重要的是，如果单亲父母觉得不能像孩子需要的那样照顾和陪伴他们，他们也不应该自责。毕竟每个人都有自己的底线，这个情绪化儿童也可以感知到。如果他们不能照顾，那么简单的陪伴也是可以的。不是每次发火之后都需要耐心的抚慰，不是每种感觉都需要表达出来。如果实在已经达到了自己的临界值，最有爱的方式常常是，承认现在不需要采取有价值的教育方案，而仅仅是一起在电视机前抱抱，一起喝杯可可或者休息一会儿。

　　　　赛琳娜的爸爸在她两岁生日之前离开了我们。他觉得我们的生活实在是太辛苦了，他确实是这样说的。确实，一开始我们的日子一点都不容易，比如赛琳娜从一开始就从来不一个人睡觉，而是一定要睡在我旁边或者我身上。每次只要将她放到自己的小床或者婴儿车中，她就会发出震耳欲聋的哭声。即便是上厕所，我也需要将她放在自己的大腿上，即便是将她放在浴室的地毯上一小会儿，她也会马上尖叫起来。此外，带她出门也一直都很困难。赛琳娜讨厌公交和地铁，因为这对她来说实在太拥挤也太吵了。每次带她散步或者去购物都能让我抓狂，无论什么都会让她非常兴奋。在家里也是这样，如果我让电视或者收音机开着，她会觉得太吵。她最喜欢我们一起窝在家里读书或者堆积木。只有这样她才觉得开心和满足。

这都是我选择的路，我尽量首先满足她的需求。当然我也会想念和其他人见面的机会，但是想到赛琳娜可能一整晚都难以安睡，我也就不会再期待了。现在完全属于我的时间是每天的早上9点到下午3点。因为近来赛琳娜去幼儿园了，当然这也经历了非常非常长的适应阶段。但是幸亏最后一切顺利。我原想利用这些自由时间结束我的大学学习，但是我经常只是坐在咖啡馆里，花上3个小时品尝一杯意大利牛奶咖啡，并尝试着3年来第一次真正地感受自我。

安娜（26岁）/3岁赛琳娜的母亲

我们还敢再要一个孩子吗

很多情绪化儿童有能力将父母的人生计划完全推倒。他们一次次用自己强烈的性情将父母逼到他们的容忍边缘（有时候也会越过底线），以至于很多家长意识到，他们最初设想的人生图景因为这个孩子已经化为泡影。尤其是当关于家庭的设想破灭时，这种痛苦更加深入骨髓。毕竟很多人在建立家庭时都有过自己的准确设想：

○ 我们想要两个年龄差距不大的孩子，这样他们就可以玩在一起了。

○ 我最想现在有两个孩子，然后几年之后再要两个。

○ 我们希望要三个孩子，每个孩子差三四岁，这样我们就能感受每个孩子在不同的年龄段的特点了。

这样的愿景往往产生于常年的思考与交谈，它们对夫妻往往意味着很多。但是一个情绪化儿童的出现可能会让所有的计划瞬间倾覆。他们真的还想再要一个要求那么多、不怎么睡觉、总是大喊大叫、不接受儿童车、从不和别人交往且总是需要身体接触的孩子吗？在提出这个问题时，很多父母还会有负罪感，因为毕竟他们是爱自己的孩子的。他们最初还会有这样的想法，即等这个孩子熬出了头就再生一个，但是慢慢地他们就会意识到这个想法的不切实际，因为这个孩子直到 4 岁还像一个小宝宝似的。其次很多父母还会考虑到，敏感的孩子如何能够接受家中再添新娃，他们是否愿意让渡父母的部分怜爱。尤其是那些最大的孩子就是情绪化儿童的家庭，他们早就将家庭生活设置成一切都以孩子的要求为主，那么其他孩子的需求该放到哪里呢？

此时，父母是不管不顾这些挑战依旧坚持己见，还是慎重考虑家庭规模和孩子的年龄差，这些都是私人决定，并无对错之分。重要的是，如果他们的情绪化孩子让他们开始怀疑自己的初衷，他们也不应该感到愧疚。因为家庭生活本来就要比我们一开始想象的那样需要花费更多的时间和精力，这也是一种正常和负责任的想法。在这种语境下的减压其实可以再次考虑"合理的"家庭规模和"最佳"年龄差的合理性。因为很多受社会影响的看法都禁不住实践的检验。比如年龄差在两岁之内的兄弟姐妹不一定关系就自动更加密切，更关键的是他们要有共同的兴趣和经历。而年龄差在四岁或以上的兄弟姐妹也可以相互学习和帮助。三个孩子也可以像四个孩子一样组建一支和谐的军队，而独生子也完全可以像有兄弟姐妹的孩子一样开心并且有社会能力。而且即便是年龄差悬殊的兄弟姐妹也会长成关系密切的成年人。

无论父母是否决定再添一个孩子，决定权都在他们自己，而不是在他们的情绪化孩子手中。无论他们是多么的调皮，他们也不应该为父母的第二个或第四个孩子梦的破灭负责。可惜很多已经长大的情绪化儿童依旧带着这样的一种罪恶感和包袱：

○ 妈妈一直都想要两个孩子，但是自从我这个糟糕的宝宝出生后，爸爸就担心下一个也会如此，就再也不想要宝宝了。

○ 爸爸妈妈总是说，如果我还想要一个小妹妹的话，就不应该总是让他们心烦。

○ 我至今记得妈妈的一句话：再多一个像你这样的小魔头我们就可以直接进棺材了。

情绪化儿童经常会幻想自己应该对父母的所有感情负责，尤其是当他们觉得这些感情与他们有关时。因此，应该让他们认识到，家庭规模的大小不是他们能决定的，同时也不是他们的责任。

你将来会变成什么样子

情绪化儿童的父母总是有着强烈的共同点。他们不仅每天与自己的情绪化孩子抗争，而且也不停地问自己："他们敏感、爱自由、不合群的疯孩子以后会怎么样？在这个强调效率和结果的世界是否还有像我们的孩子这样固执倔强、爱挑衅、爱冒尖，但同时又害羞、容易受伤的人的一席之地？"

我认为，他们是会有自己的位置的，而且我们还非常急迫地需要他们。难道不恰恰是哲学家、为自由而斗争的战士以及令人不舒服和抵制的元素一直在推动人类文明的不断前进吗？

我当然不想美化情绪化儿童性格上的困难，他们自然会在某些领域更加吃亏，也许他们会希望自己各方面的情感都能不那么强烈，少一些敏感，不那么多动，少一些伤悲和暴怒。

但是我坚信，如果我们的孩子在校的时候便意识到自己原来的样子就是对的，他们就会保留自己的这些"缺点"，而不会崩溃掉。因为使我们的孩子走向成功的并不是那些难以控制的能量、顽固和反抗，而是他们通过强烈的同理心建立坚固的、牢不可破的信任关系的天赋。在我看来，他们的这种来自他们的敏感、对他人的理解的天赋是他们身体里蕴藏的最大潜力。

为了最好地开发这种潜力，我们需要通过我们的陪伴让他们学会调节自己的强烈情感，而不是去压制它们。如果我们成功的话，他们会因为这种特殊的天分来获得一个幸福、自由和充满意义的人生。

丰富的想象力和创造力能够把他们变成天才艺术家，通过画作、雕塑、电影和音乐，演绎精彩故事，让世界更美丽。

好奇心和毅力有助于他们成为优秀的科研人员，而且，即便在天才堆中亦毫无违和感。

语言能力可以帮助他们成为优秀的编剧、记者和作家。

野心和运动爱好可以促使他们成为运动健将，或者负责的消防员和警察。

乐于助人、富有爱心有助于使他们成为助产士、护士或者医生而献身于医护事业。

敏捷的理解力和沟通能力可以帮助他们成为商人，或项目经理，抑或大律师。

同理心可以帮助他们融入社会团体，如做儿童护理，或照顾残疾人。

灵敏性和热情有助于他们成为优秀教师、教育工作者，或者社会工作者。

勇气、诚实和辩论天赋为他们铺平了成为政治家的道路。

强烈的正义感、大无畏捍卫观点的勇气可以帮助他们进入人权组织、环境保护机构、难民扶助团体，或者发展救援工作，在那里面，他们可以运用天赋，实实在在地帮助世界变得更好。

重视细节有利于他们成为优秀匠人或者化妆师。

他们的雄心、聪颖和坚持经常可以让他们进入大公司的领导层。

原则上这张单子可以一直写下去，因为只要情绪化儿童在最初几年不对自己失去信心，他们内心的强大力量便能让他们变成任何他们想要变成的样子。

因此我的职责便是让越来越多的家长认识到情绪化儿童的特殊需求和他们的独特天赋。因为虽然有的孩子像蒲公英一样即便在最恶劣的环境下也能够灿烂生长，但情绪化儿童则更像兰花，它们更少见、更敏感、需要更多的照顾和更丰沃的土壤。但是一旦它们获得了正确的生活条件，它们便会长大，变得更加强壮、更加顽强，最终开出最美丽的花朵。

后记

最宝贵的礼物

我的孩子与众不同——这可能是您拿起这本书的原因。希望您在这本书里了解更多关于一部分儿童的特殊性情，收获很多鼓励和令人放松的信息，并且认识到自己作为这样一个情绪化儿童的父母所扮演的角色。我最大的愿望便是这些文章能够帮助您丢掉指责与自我指责，接受并爱你的孩子原来的样子。

我的孩子与众不同——我想这种不同也可以意味着巨大的幸福。因为情绪化儿童不仅给我们带来了很多特别的挑战，同时也给我们带来了特别的礼物，因为他们强烈地感受并展示自己的情感，这也意味着：

很多人也许一辈子也不能获得这么多的喜悦、信任和感激，而我们与情绪化儿童相处的宝贵时刻中则处处充满着这些世间最美好的情感。

没有哪个真正体验过的人可以想象到，和一个永远充满激情的小开心果玩耍、欢闹、拥抱和笑弯腰是多么幸福的感觉。

情绪化儿童给了我们机会，让我们更好地认识自己，抚慰自己曾经的伤痕，并让时间来治愈我们。

情绪化儿童让我们质问旧的想法并开辟新的道路。

他们教会我们明朗与耐心，尤其是在对待我们自己时。

他们无条件地强烈爱着我们，并且包容我们的错误。

我们不应该对孩子的强烈情感心存畏惧，即便他们的愤怒和绝望似乎可以让我们的房子颤动。因为强烈的感情生活同样也意味着，充满激情的、以一种献身精神和令人难以置信的活力面对这个世界。我们的孩子毫无迟疑地在这样做。因为即便他们非常敏感且容易受伤，他们也同样勇敢和坚强。

我们的情绪化孩子从来没有怀疑过我们会是世界上最好的父母。他们对我们的信任就像他们给我们的爱一样没有边界。尽管有那么多困难，但是世界上有比这更大的幸福和更宝贵的礼物吗？

一起努力便不会孤单。

因此，我衷心希望，越来越多的情绪化儿童的父母能够团结起来，互相倾听、鼓舞和支持。因为共同努力能够使陪伴情绪化儿童成长的道路更加轻松。毕竟听到其他父母讲述他们和孩子类似的经历对我们来说也是一种安慰。

他们同样每天都在经历着抱宝宝、安慰孩子和为他们擦干泪水的琐事。

他们知道地狱般的愤怒、怀疑的表情和扬起的眉毛。

他们和我们一样疲惫。

所以，让我们聚在一起，携手共渡难关！

诺拉·伊姆劳